食品安全国家标准实施指南系列丛书

食品安全国家标准常见问题解答

（第二版）

国家食品安全风险评估中心　编著

中国质量标准出版传媒有限公司
中国标准出版社

北京

图书在版编目（CIP）数据

食品安全国家标准常见问题解答 / 国家食品安全风险评估中心编著 .—2 版 .—北京：中国质量标准出版传媒有限公司，2023.10（2024.10 重印）

ISBN 978-7-5026-5195-4

Ⅰ.①食… Ⅱ.①国… Ⅲ.①食品安全—安全标准—研究—中国 Ⅳ. ① TS201.65-65

中国国家版本馆 CIP 数据核字（2023）第 150539 号

中国质量标准出版传媒有限公司
中 国 标 准 出 版 社 出版发行

北京市朝阳区和平里西街甲 2 号（100029）

北京市西城区三里河北街 16 号（100045）

网址：www. spc. net. cn

总编室：（010）68533533 发行中心：（010）51780238

读者服务部：（010）68523946

中国标准出版社秦皇岛印刷厂印刷

各地新华书店经销

*

开本 787×1092 1/16 印张 11.75 字数 176 千字

2023 年 10 月第二版 2024 年 10 月第五次印刷

*

定价：68.00 元

编委会
EDITORIAL BOARD

前 言
PREFACE

《食品安全国家标准常见问题解答》一书自2016年出版以来，受到社会各界一致好评。该书针对标准执行过程中存在的主要问题，按照标准类别进行划分和解答，有效地推动了标准的正确理解和执行。

截至2023年10月，我国已发布食品安全国家标准1563项。随着食品安全国家标准体系的不断完善，2016年版《食品安全国家标准常见问题解答》亟需更新以满足标准使用者的需要。为持续做好食品安全国家标准宣贯工作，回应社会对于新版《食品安全国家标准常见问题解答》的强烈呼声，食品安全国家标准审评委员会秘书处办公室根据标准体系建设进展和近年来标准执行过程中发现的新问题，在2016年版《食品安全国家标准常见问题解答》框架的基础上，组织编写了《食品安全国家标准常见问题解答（第二版）》。本书内容涵盖了国家标准体系建设情况、已发布标准的常见问题及对于部分修订标准主要变化的解读。

如对本书有任何意见和建议，请联系食品安全国家标准审评委员会秘书处办公室。

编著者

2023年10月

目录

CONTENTS

上篇　食品安全国家标准概述

下篇　食品安全国家标准常见问题解答

上篇

食品安全国家标准概述

一、食品安全标准定义、范围

1. 什么是食品安全标准？

食品安全标准是对食品中各种影响消费者健康的危害因素进行控制的技术法规。《中华人民共和国食品安全法》（以下简称《食品安全法》）规定了食品安全标准的范围，并对其定性为“强制执行的标准”，且“除食品安全标准外，不得制定其他食品强制性标准”。世界各国都对食品中影响健康的危害因素进行了强制性要求，大部分国家以法规的形式颁布。

2. 食品安全标准与质量标准有什么关系？

食品标准体系由强制性的食品安全标准和推荐性的食品质量标准两部分构成。食品安全标准是食品标准体系的核心和底线，以保障食品安全和消费者健康为宗旨。质量标准以提升食品质量、满足我国食品行业高质量发展为目标，是促进食品产业高质量发展的重要技术支撑。两类标准相辅相成，从不同维度保障食品安全和提升食品质量，规范食品行业健康有序发展。

3. 食品安全标准的主要内容有哪些？

按照《食品安全法》第二十六条的规定，食品安全标准包括下列内容：

“（一）食品、食品添加剂、食品相关产品中的致病性微生物、农药残留、兽药残留、生物毒素、重金属等污染物质以及其他危害人体健康物质的限量规定；

（二）食品添加剂的品种、使用范围、用量；

（三）专供婴幼儿和其他特定人群的主辅食品的营养成分要求；

（四）对与卫生、营养等食品安全要求有关的标签、标志、说明书的要求；

（五）食品生产经营过程的卫生要求；

（六）与食品安全有关的质量要求；

（七）与食品安全有关的食品检验方法与规程；

（八）其他需要制定为食品安全标准的内容。”

4. 食品安全国家标准主要包括几类标准？各类标准的关系是什么？

食品安全国家标准由通用标准、产品标准、生产经营规范标准、检验方法与规程标准4大类别的标准组成。各类标准有机衔接、相辅相成，从不同角度管控食品安全风险，共同组成食品安全国家标准体系。截至2023年10月，我国共发布食品安全国家标准1563项，其中现行有效标准1394项。包括通用标准15项、食品原料及产品和营养与特殊膳食用食品标准82项、食品添加剂和食品营养强化剂质量规格标准707项、食品相关产品标准17项、生产经营规范标准36项、检验方法与规程标准537项，具体见图1。

（1）通用标准。通用标准是食品安全国家标准体系的基础，对影响各类食品的普遍性食品安全危害和一般性措施进行规定。主要将适用于各类食品的致病性微生物、农药残留、兽药残留、重金属、污染物、真菌毒素等的限量规定，食品添加剂、食品接触材料用添加剂的使用规定，以及标签标识等规定作为食品安全国家标准体系建设的基础，设置为通用标准。

（2）产品标准。在引用通用标准的基础上，出于食品安全风险控制的目的，将仍需予以规定的某些指标限量或非限量条款，设置为产品标准。产品标准包括各类食品产品标准、各种食品添加剂和食品营养强化剂质量规格标准以及各类食品接触材料、洗涤剂和消毒剂标准。产品标准以产品为着眼点，对来源于产品的特殊危害带来的风险进行规定，制定相应的指标、限量（或措施）和其他必要的技术要求。

（3）生产经营规范标准。对食品生产和经营过程中为了达到食品安全这个最终目的，而对在各个步骤所采取的措施和控制手段需要达到的目标进行要求，主要包括企业的设计与设施的卫生要求、机构与人员要求、卫生管理要求、生产过程管理以及产品的追溯和召回要求等。

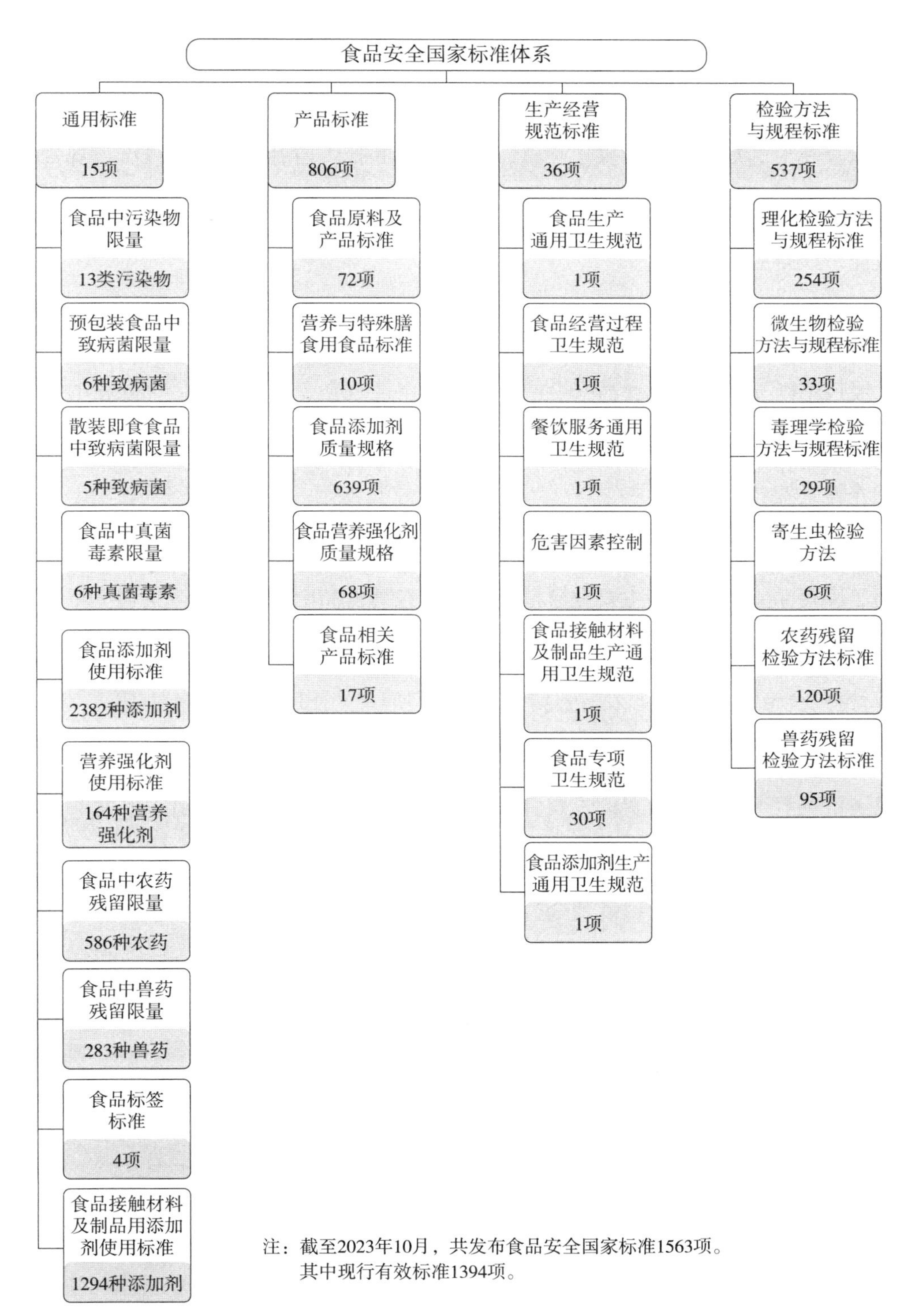

图 1　食品安全国家标准体系图

（4）检验方法与规程标准。规定了与食品安全要求有关的理化检验、微生物学检验和毒理学评价的内容，针对不同的目标，规定所使用的方法及其基本原理、仪器和设备以及相应的规格要求、操作步骤、结果判定和报告内容等。检验方法与规程标准以校验证实食品安全管控措施是否实施为着眼点，内容以检验方法操作过程的要求等描述性条款为主。

5. 食品安全国家标准的覆盖面如何？

经过不断完善，我国食品安全国家标准基本能够覆盖影响我国居民健康的主要危害因素、我国居民消费的主要食品类别和从生产到消费的全过程，能够满足特定人群的营养健康需求。

（1）标准覆盖影响我国居民健康的主要危害因素。食品安全国家标准覆盖了影响我国居民食品安全的各种主要健康危害因素，包括食品中的致病性微生物、化学污染物、真菌毒素、放射性物质等天然危害，也包括食品添加剂、食品营养强化剂、食品接触材料及制品用添加剂、农药残留、兽药残留等人为使用的物质。

（2）标准覆盖我国居民消费的主要食品类别。食品安全国家标准基本能够涵盖目前我国市场流通和居民消费的主要食品类别，包括谷物及其制品、乳及乳制品、肉及肉制品、水产及其制品、酒类等。

（3）标准覆盖从生产到消费全过程。在通用标准、产品标准和检验方法标准基础上，我国还发布了一系列食品生产经营规范和标签标准，建立从生产到监管的全过程风险管理措施。完善食品标签标识标准，针对食物过敏人群制定过敏原强制标识要求，通过营养标签引导不同需求消费者选择合理膳食模式。

（4）标准能够满足特定人群的营养健康需求。为落实健康中国行动和《国民营养计划（2017—2030年）》，针对婴幼儿、孕妇、患者等特殊人群营养需求，国家卫生健康委员会（以下简称“国家卫生健康委”）制定并发布了营养与特殊膳食用食品标准。

6. 与食品安全有关的质量指标有哪些？

按照《食品安全法》第二十六条的要求，与食品安全有关的质量指标属于食品安全国家标准的管理范围，主要包括：

（1）间接指示食品安全风险的指标，如指示菌指标等；

（2）产品的重要特征性指标，如食醋的总酸指标、酱油的氨基酸态氮等；

（3）与产品品质密切相关的指标，如油脂的酸价、过氧化值指标等；

（4）其他与食品安全有关的质量指标。

二、食品安全国家标准管理

1. 食品安全国家标准的制定原则是什么？

按照《食品安全法》的规定，制定修订食品安全国家标准应当以保障公众身体健康为宗旨，做到科学合理、安全可靠。食品安全国家标准应体现《食品安全法》立法宗旨，以食品安全风险评估结果为依据，以对人体健康可能造成食品安全风险的因素为重点，科学合理设置标准内容。标准的制定应符合我国国情和食品产业发展实际，注重标准的可操作性。标准内容还应充分考虑各级食品安全监管部门的监管需要和执行能力，有利于解决监管工作中发现的重大食品安全问题。同时，标准的制定过程应广泛听取各方意见，鼓励公民、法人和其他组织积极参与，提高标准制定修订过程的公开透明度。标准的制定还应积极借鉴相关国际标准和管理经验，充分考虑国际食品法典委员会相关工作的进展。

2. 食品安全国家标准的制定程序有哪些？

食品安全国家标准制定程序包括提出标准规划计划、确定标准制定修订计划、起草标准、审查标准、公开征求意见、批准和发布标准、跟踪评价标准和修改完善标准等 8 个步骤，各个步骤有机衔接，保障了标准制修订工作的高效运转。食品安全国家标准工作流程图见图 2。

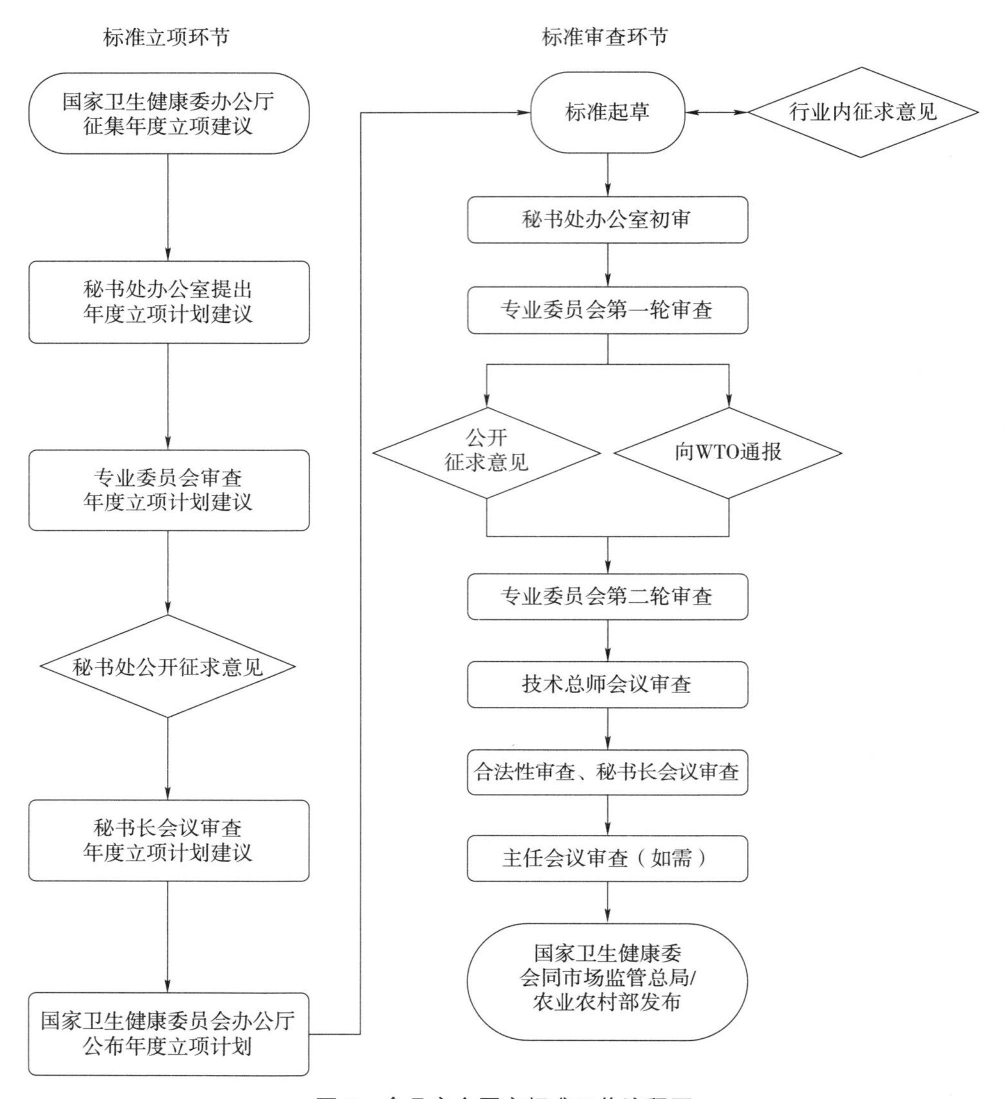

图 2　食品安全国家标准工作流程图

（1）提出标准规划计划。国家卫生健康委会同国务院各相关部门制定食品安全国家标准规划及其实施计划。

（2）确定标准制定修订计划。国家卫生健康委每年向各部门和社会公开征集国家标准立项建议，食品安全国家标准审评委员会根据食品安全标准工作需求，对食品安全国家标准年度立项计划建议草案进行审查。国家卫生健康委根据食品安全国家标准审评委员会的审查意见和社会各方面的意见及建议，形成食品安全国家标准年度制定修订计划。

（3）起草标准。国家卫生健康委选择具备相应技术能力的单位承担食品安全国家标准起草工作。

（4）审查标准。食品安全国家标准审评委员会按照专业委员会、技术总师会议、合法性审查、秘书长会议的流程审查标准，必要时提交主任会议审议。

（5）公开征求意见。标准起草完成后，标准项目承担单位书面征求标准使用单位、科研院校、行业和企业、消费者、专家、监管部门等各方面意见。标准草案经审评委员会专业委员会第一轮审查后，在国家卫生健康委网站上公开征求意见，同时按照世界贸易组织（WTO）相关协定进行通报。

（6）批准和发布标准。经过秘书长会议审查或主任会议审议通过的标准，经报批程序后，以公告形式发布。标准在国家卫生健康委网站上公布，供公众免费查阅。

（7）跟踪评价标准。食品安全国家标准公布后，国家卫生健康委组织各级部门的相关单位对标准的实施情况进行跟踪评价。任何公民、法人和其他组织均可以对标准实施过程中存在的问题提出意见和建议。

（8）修改完善标准。根据跟踪评价结果和各方意见，标准内容需做调整时，国家卫生健康委以食品安全国家标准修改单或纳入标准制修订计划等方式进行。

3. 食品安全国家标准发挥哪些作用?

按照《食品安全法》的规定，食品安全国家标准是我国唯一强制执行的食品标准，是保障食品安全、促进行业发展和保障公平贸易的重要手段，是食品安全监管的重要技术依据。食品安全国家标准是食品生产经营者应当遵守的强制性技术要求，食品生产经营者应当按照法律、法规和食品安全国家标准从事生产经营活动，采取有效管理措施，保证食品安全。食品安全国家标准是食品安全监管部门监督执法的技术依据，食品安全监管部门应依据食品安全国家标准对食品进行监督抽查、监督检查、风险监测等，发现食品不符合食品安全国家标准的，可作为行政处罚的依据。

4. 各部门在标准管理中发挥什么作用?

按照《食品安全法》赋予的法定职责，国家卫生健康委在食品安全管理中承担风险监测（发现风险）、风险评估（研判风险）、标准制定（管理风险）三方面的主体职责。国家卫生健康委会同国家市场监督管理总局（以下简称“国家市场监管总局”）制定、公布食品安全国家标准。国家标准化管理委员会负责提供标准编号。

国家卫生健康委与农业农村部在食品安全管理中同为标准制定者，其中农业农村部负责牵头食品中农药和兽药残留限量标准及其检验方法与规程、屠宰畜禽的检验规程的制定工作。国家市场监管总局和海关总署分别负责国内市场产品和进出口产品的食品安全监管工作。

遵照食品安全“社会共治”的管理理念，国家卫生健康委与农业部门、市场监管部门、海关部门、粮食部门等各司其职，保障食品生产经营者履行好食品安全风险管理的主体责任。国家卫生健康委和农业部门提供风险评估依据和标准保障，落实“最严谨的标准”要求，市场监管和海关等部门负责落实“最严格的监管”措施。

5. 食品安全国家标准制定过程中有哪些利益相关方参与？

食品安全国家标准的制定过程应遵循公开透明原则，广泛听取各方意见，鼓励公民、法人和组织积极参与。食品安全国家标准的主要使用者是食品生产经营企业和食品安全监督管理部门，但食品安全国家标准的制定与执行却与社会各界都相关。食品安全国家标准应当以科学为基础，因此，从事食品安全科学研究的机构应当主导标准各项指标的制定；食品安全国家标准的制定必须充分考虑食品生产加工实际情况，因此，食品安全国家标准的制定过程应尽可能广泛地吸纳食品企业、行业组织参与；食品安全国家标准是监管部门监督执法的依据，满足监管需求是食品安全国家标准要符合的基本原则之一，因此，标准的制定需要监管人员的积极参与；消费者同样有权利基于自身的消费需求，对食品安全国家标准提出意见和建议。

食品安全国家标准作为一项食品风险管理工作，其制定应当基于科学，还应当考虑社会、经济、人文等因素。政府管理者、专家、企业和消费者都参与风险管理中是为了从多个角度考虑食品安全管理问题，保障标准在有效保护消费者健康的基础上满足各方需求。因此，食品企业、监管机构、学术机构、行业组织、消费者都应当作为利益相关方参与食品安全国家标准的制定工作。

6. 食品安全国家标准如何管控食品安全？

食品安全国家标准由通用标准、产品标准、生产经营规范标准和检验方法与规程标准4类标准组成，这4类标准从不同角度管控食品安全风险。以植物油为例，分别介绍4类标准在管控食品安全风险方面发挥的作用。

（1）通过制定通用标准，对植物油中允许添加的食品添加剂品种、使用量进行管控，对植物油中可能由于原料储存不当或加工过程操作不当引入的重金属、苯并芘、黄曲霉毒素等化学污染物和真菌毒素进行管控，对植物油中可能残留的农药及其残留量进行管控，同时还对其包装上的标签标识内容和方式进行管控。

（2）针对植物油产品，制定了GB 19641—2015《食品安全国家标准　食用植物油料》和GB 2716—2018《食品安全国家标准　植物油》2项产品标准，分别针对植物油的原料和植物油本身的特殊食品安全要求进行管控；同时还制定了食品接触材料标准，对植物油的包装（比如塑料桶）允许使用的塑料材质、塑料中可能迁移到油中的有害物质限量以及塑料桶的生产过程等进行管控。

（3）针对植物油的生产过程，制定了GB 8955—2016《食品安全国家标准　食用植物油及其制品生产卫生规范》，规定了植物油生产企业在生产过程中应遵循的卫生操作要求；针对植物油料易污染黄曲霉毒素的特点，制定了GB 31653—2021《食品安全国家标准　食品中黄曲霉毒素污染控制规范》，规定了花生、玉米、油料棉籽等植物油料的采收、储存、运输、加工等环节中控制黄曲霉毒素的操作要求。

（4）针对通用标准和产品标准中规定的植物油需要遵循的限量指标，制定了GB 5009.27—2016《食品安全国家标准　食品中苯并（a）芘的测定》等一系列检验方法标准，为监管部门和企业准确识别食品安全隐患提供技术支持。

7. 发现食品安全标准存在问题怎么办？

任何公民、法人和组织在食品安全标准执行过程中发现问题，都可以及时与国务院卫生行政部门联系，提出意见和建议。《食品安全法》规定，省级以上人民政府卫生行政部门应当会同同级食品安全监督管理、农业行政等部门，分别对食品安全国家标准和地方标准的执行情况进行跟踪评价，并根据评价结果及时修订食品安全标准。省级以上人民政府食品安全监督管理、农业行政等部门应当对食品安全标准执行中存在的问题进行收集、汇总，并及时向同级卫生行政部门通报。食品生产经营者、食品行业协会发现食品安全标准在执行中存在问题的，应当立即向卫生行政部门报告。

标准跟踪评价是落实“最严谨的标准”要求的重要环节，通过常态评价、专项评价和专题研究等方式，采取发放调查问卷、调研座谈等方式，了解标准执行情况，发现标准存在的问题，为标准立项和制定修订提供依据。在国家卫生健康委的组织下，国家食品安全风险评估中心（以下简称“食品评估中心”）在官方网站设置“标准跟踪评价工作平台”，通过网络平台在线收集对所有现行食品安全国家标准的具体意见和建议，任何单位和个人均可通过该平台反馈意见。

8.“三新食品”是什么？我国如何管理“三新食品”？

“三新食品”指的是尚未列入食品安全国家标准或国家卫生健康委公告、允许使用的新食品原料、食品添加剂新品种和食品相关产品新品种，以及已经列入食品安全国家标准或国家卫生健康委公告，但需扩大使用范围或使用量的食品原料、食品添加剂和食品相关产品品种。根据《食品安全法》及其实施条例、《新食品原料安全性审查管理办法》《食品添加剂新品种管理办法》和《食品相关产品新品种行政许可管理规定》等的规定，我国对于“三新食品”实行行政许可制度，即利用新食品原料生产食品，或者生产食品添加剂新品种、食品相关产品新品种，应当向国务院卫生行政部门提交安全性评估材料。国务院卫生行政部门应当自收到申请之日起 60 日内组织审查，对符合食品安全要求的，准予许可并公布；对不符合食品安全要求的，不予许可并书面说明理由。目前，国家卫生健康委负责“三新食品”行政许可工作，指定食品评估中心负责组织“三新食品”的受理、技术评审和报批等工作。

9.“三新食品”与食品安全国家标准的关系是什么？

对于通过安全性评估、符合食品安全要求的“三新食品”，国家卫生健康委以公告的形式公布，该公告与食品安全国家标准具有同等效力。对于公告已经列入的“三新食品”，国家卫生健康委根据其安全性评估结果，按照食品安全国家标准管理的有关规定制定或修订食品安全国家标准，相应的食品安全国家标准发布实施后，原公告自动废止。

10. 食品安全国家标准与食品安全地方标准是什么关系？

我国食品安全标准体系由食品安全国家标准和食品安全地方标准共同组成。食品安全地方标准是食品安全国家标准的补充，不应存在交叉矛盾。对于已经制定食品安全国家标准的，不应再重复制定食品安全地方标准；对于尚未制定食品安全国家标准的，可制定食品安全地方标准，食品安全国家标准制定后，相应地方标准即行废止。

11. 我国食品安全国家标准有食品分类吗？

GB 2760—2014《食品安全国家标准　食品添加剂使用标准》、GB 2762—2022《食品安全国家标准　食品中污染物限量》、GB 2761—2017《食品安全国家标准　食品中真菌毒素限量》、GB 29921—2021《食品安全国家标准　预包装食品中致病菌限量》等通用标准中均有适用于本标准的食品分类。如 GB 2760 主要根据食品添加剂的使用特点，以食品原料来源为基础，结合食品的加工工艺进行食品分类，最终食品分类以加工食品为主；GB 2762 主要根据食品污染物的污染特点，结合食品行业情况进行食品分类，污染物含量差别不大的食品类别不再细分，最终食品分类以初级食品为主；GB 29921 则主要根据各类预包装食品中致病菌风险情况为基础原则进行食品分类。因此，食品安全国家标准主要依据管控对象、管控目的等设置相应的食品分类。

12. 在食品安全国家标准的过渡期内应执行原标准还是新标准？

食品安全国家标准公布和实施日期之间一般设置一定时间的过渡期，供食品生产经营者和标准执行各方做好实施的准备。在过渡期内，食品生产经营者如有需要可以提前实施标准，但应公开提前实施情况。在实施日期后，食品生产经营者、食品安全监管机构和检验机构应当按照新标准执行，在实施日期前已经生产的食品可在保质期内继续销售。

三、食品领域国际标准相关问题

1. 食品领域的国际标准有哪些？

国际标准一般是由国际组织和机构制定的标准，可以由政府间国际组织或国际非政府组织制定。国际标准主要用于协调各国对标准的执行和理解不一致的问题，对于各国无强制性法律效力，一般仅供各国参考；仅在特定场合，需要协调国家之间的争端或纠纷时会发挥特定作用。在食品领域制定国际标准的国际组织主要有国际食品法典委员会（CAC）、国际标准化组织（ISO）、国际乳业联盟（IDF）和国际食品制造商协会（ICGMA），其中CAC是政府间国际组织，ISO、IDF和ICGMA均是国际非政府组织。在食品安全领域的国际标准一般指的是CAC制定的国际食品法典标准。

2. CAC标准在各国的应用情况如何？

CAC标准是在WTO框架下协调国际食品贸易的仲裁标准，是各国基于国际科学共识所建立的最低标准，具有非强制性的属性。各国制定本国标准时应依据本国的风险评估结果制定最有利于保护本国消费者健康和食品贸易的国家标准，在保护本国消费者健康前提下，为了促进国际食品贸易可以与CAC标准协调一致。经过对世界各国与CAC标准接轨情况进行分析，CAC标准多由风险评估能力不足的发展中国家和不发达国家制定本国标准时参考使用，发达国家往往通过积极参与CAC标准事务影响国际标准。联合国粮食及农业组织（FAO）*Understanding international harmonization of pesticide maximum residue limits with Codex standards A case study on rice* 分析结果显示，根据FAO统计，以大米中农药残留限量与CAC标准一致率为例，孟加拉国、缅甸等国家直接采用CAC标准，一致率为100%；发达国家均根据本国的风险评估结果，结合本国的贸易特点设定限量值，与CAC标准一致率分别为美国20%、欧盟1.1%；中国与CAC标准一致率为14%。

3. 国际标准和发达国家标准是否是“金标准”？

以 CAC 为代表的国际标准和发达国家标准均不是食品安全的“金标准”。食品安全风险管理本质上是科学问题，但更加容易受消费习惯、产业能力、监管模式、贸易因素等非科学因素的影响。

（1）居民消费模式是影响标准差异的主要因素。如奶酪是西方传统食品，美国在奶酪产品大类下制定了 60 余项各类奶酪标准，CAC 制定了 20 余项各类干酪标准，我国仅制定了干酪和再制干酪 2 项标准。我国制定了具有中国传统消费习惯的豆制品标准，并进行分类管理，保障此类产品的食用安全，而美国、欧盟等发达国家鲜有此类标准。

（2）气候和种养殖环境差异影响标准内容。如我国标准规定了即食生制动物性水产制品中的副溶血性弧菌限量要求，该细菌是导致我国消费者食源性疾病的重要因素，而欧盟并未规定这一限量。欧盟制定了谷物中单端孢霉烯族毒素 T-2 和 HT-2 限量标准，我国谷物不易感染这类真菌毒素而未制定限量标准。

（3）食品产业发展水平影响食品标准规定。食品添加剂和食品接触材料是食品产业创新发展的重要动力，各国的批准使用情况反映了国家食品产业的发展水平。

（4）食品监管模式是影响标准体系建设方向的重要因素。我国食品安全监管以终末抽检为主要手段，因此，各类限量指标数量和覆盖面均居世界前列，而发达国家更加注重食品生产经营过程管理。最为重要的是，风险评估能力是反映食品安全标准水平的核心基础，有独立开展风险评估工作能力的国家均依据本国的风险评估结果制定标准，没有相关能力的国家往往更多参照国际标准或发达国家标准。

因此，简单地通过标准数量的多少和指标的高低来评判标准水平的高低都是片面的，适合本国食物消费量及消费者健康保护水平的标准才是好标准。

4. 我国食品安全国家标准和发达国家及 CAC 标准有何异同？标准或指标是否越多越好？

各国标准均以保护人体健康、确保食品安全生产经营为基本宗旨，遵循食品安全风险管理原则。经过与 CAC 标准及发达国家标准对比，我国食品安全国家标准在制定原则、管控对象、体系框架、制定程序等方面与发达国家和CAC基本一致，部分标准管理水平已经居世界前列。受本国居民膳食消费模式、种养殖环境、产业发展水平、监管模式和风险评估能力等影响，各国标准在数量、数值和管理侧重点上均有差异。

在标准覆盖面方面，受各国居民消费模式和食品污染特点等影响，各国管控的食品类别和污染因素存在差异，我国标准已能实现居民消费的所有初级农产品、加工制品等340余种食品类别全覆盖。在限量指标数量方面，指标数量的多少反映了一个国家的食品安全监管思路和管理的精细化程度，我国标准制定了23000余项限量指标，总数居全球前列。在限量指标宽严方面，受各国膳食消费模式、产业发展水平、食品污染特点等因素影响，各国指标均存在差异。以污染物限量为例，我国有28.4%的指标与欧盟标准一致、14.2%的指标严于欧盟标准；有63.4%的指标与CAC标准一致，11.0%的指标严于CAC标准。

因此，单纯地将某一国家的食品标准数量或者限量指标与CAC标准相比，并不能全面反映某一国家制定的食品安全标准的科学性。

下篇

食品安全国家标准常见问题解答

食品污染物和真菌毒素限量标准

一、标准制定相关问题

1. 为何不对所有污染物都制定限量标准？

食品中的污染物有很多种，我们食用的食品也多种多样，不可能也没必要针对每种食品、每种污染物都制定限量标准。是否将一个污染物项目列入国家标准，要根据相关污染物的危害、暴露评估情况等综合确定。限量标准的设立应当以食品安全风险评估结果为依据，当评估结果表明制定限量标准对消费者可以产生公共卫生保护意义时，才有制定限量标准的必要性。

2. 是否标准中未设置限量就表示其不得检出？

GB 2762—2022《食品安全国家标准　食品中污染物限量》及 GB 2761—2017《食品安全国家标准　食品中真菌毒素限量》列出了可能对公众健康构成较大风险的污染物（真菌毒素），制定限量值的食品是对消费者膳食暴露量产生较大影响的食品。对于未制定污染物（真菌毒素）限量值的食品可以理解为，基于现有数据和研究结果，该类食品不是该类污染物（真菌毒素）值得控制的暴露来源，未制定限量值并非表示不得检出。

无论是否制定污染物（真菌毒素）限量值，食品生产和加工者均应采取控制措施，使食品中污染物（真菌毒素）的含量达到最低水平。对于未规定污染物指标及限量值的部分加工食品，企业要实施污染物的源头管理，在采购前按标准中要求的污染物指标及限量值，对农、副、畜、禽、鱼等初级农产品实施源头管理。

二、标准执行相关问题

1. 如何理解 GB 2762—2022 及 GB 2761—2017 中规定的“可食用部分”？

GB 2762—2022 及 GB 2761—2017 中“可食用部分”的定义为，食品原料经过机械手段去除非食用部分后，所得到的用于食用的部分，如谷物碾磨、水果剥皮、坚果去壳、肉去骨、鱼去刺、贝去壳等。这里强调非食用部分的去除是使用机械手段，不包括非机械手段，如粗制植物油（毛油）通过加工而得到精炼植物油、水分蒸发、茶叶浸泡等，这些不属于该定义所指的获得可食用部分的范畴。

2.“干制品中污染物限量折算”应用原则的修订和应用是什么？

为解决 GB 2762—2017《食品安全国家标准　食品中污染物限量》中 3.5 干制品中污染物限量折算在实施过程中遇到的问题，标准修订时对于污染数据充足的干制品制定了具体的限量指标，如干制蔬菜、水果干类；对于主要以干制品形式在市场流通的食品则以干重计的形式规定限量值，如木耳干制品、银耳干制品。但肉类干制品、干制水产品、干制食用菌目前尚无足够的数据支持制定相应的限量值，仍需按照 GB 2762—2017 中 3.5 的规定执行。

GB 2762—2022 将肉类干制品、干制水产品、干制食用菌等干制品中污染物限量折算原则调整为“限量指标对新鲜食品和相应制品都有要求的情况下，干制品中污染物限量应以相应新鲜食品中污染物限量结合其脱水率或浓缩率折算。如果干制品中污染物含量低于其新鲜原料的污染物限量要求，可判定符合限量要求”。为简化检验结果判定过程，增加了“低于其新鲜原料的污染物限量要求，可判定符合限量要求”。

干制食品的脱水率或浓缩率是指干制食品质量与其相应新鲜食品原料质量的比值。在实际操作时，需要通过对食品的分析、生产者提供的信息以及其他可获得的数据信息等确定脱水率。如干制食品质量及其相应新鲜食品原料质量无法通过实测获得而是采用相关资料估算，则应尽可能采用公认的科学依据，例如《中国食物成分表》等。

3. GB 2762—2022 及 GB 2761—2017 中附录 A“食品类别（名称）说明”的制定依据和修订进展如何？

GB 2762—2022 及 GB 2761—2017 中附录 A“食品类别（名称）说明”用于界定污染物 / 真菌毒素限量的适用范围，借鉴了 CAC《食品和饲料中污染物和毒素通用标准》中的食品分类系统，并参考了我国现有食品分类，结合我国食品中污染物 / 真菌毒素的污染状况制定，仅适用于 GB 2762—2022 及 GB 2761—2017。当某种污染物 / 真菌毒素限量应用于某一食品类别（名称）时，则该食品类别（名称）内的所有类别食品均适用（有特别规定的除外）。制定附录 A 主要用于界定污染物 / 真菌毒素限量的适用范围，即确定污染物 / 真菌毒素限量针对的食品范围。

此食品类别（名称）说明是基于食品中污染物、真菌毒素污染规律而划分的，例如，在 GB 2762—2022 附录 A 中将薯类归到了块根和块茎蔬菜类别中。

GB 2761—2017 附录 A 共涉及 11 大类食品，GB 2762—2022 附录 A 涉及 22 大类食品。每大类下分为若干亚类，依次分为次亚类、小类等，如表 1 所示。

表 1　食品类别（名称）说明中的水果及其制品

<table>
<tr><td rowspan="15">水果及其制品</td><td>新鲜水果（未经加工的、经表面处理的、去皮或预切的、冷冻的水果）</td></tr>
<tr><td>　　浆果和其他小粒水果（例如：蔓越莓、醋栗等）</td></tr>
<tr><td>　　其他新鲜水果（包括甘蔗）</td></tr>
<tr><td>水果制品</td></tr>
<tr><td>　　水果罐头</td></tr>
<tr><td>　　水果干类</td></tr>
<tr><td>　　醋、油或盐渍水果</td></tr>
<tr><td>　　果酱（泥）</td></tr>
<tr><td>　　蜜饯（包括果丹皮）</td></tr>
<tr><td>　　发酵的水果制品</td></tr>
<tr><td>　　煮熟的或油炸的水果</td></tr>
<tr><td>　　水果甜品</td></tr>
<tr><td>　　其他水果制品</td></tr>
</table>

相较于 GB 2762—2017，GB 2762—2022 附录 A 的修订主要有两方面：

一是进一步明确个别品类限量指标的对应性，在附录 A 中增加个别品类。考虑目前消费者食用麸皮这类粗粮日渐增多，为保护消费者健康，小麦粉后注明“包括食用麸皮”，即直接食用的麸皮按照小麦粉的要求执行；在豆制品中明确包括豆沙馅，增加“其他豆类制品（包括豆沙馅）”；在“动物油脂”举例中明确包括磷虾油等。

二是进一步加强与食品产品标准分类的对应性，调整了个别分类名称、类别归属、类别中亚类的划分或举例。根据GB 2714—2015《食品安全国家标准　酱腌菜》等食品产品标准及部分行业分类标准，对八宝粥罐头、腌渍蔬菜、发酵蔬菜制品、稀奶油、奶油、无水奶油、双壳类、棘皮类、调和油、调味料酒、果蔬汁类及其饮料、淀粉糖、新鲜食用菌具体种类、婴幼儿配方食品等分类名称或相关的举例内容进行了调整，使附录A中的分类更加清晰明确。

4. 稻米中镉限量设置的相关背景是什么？

国家食品安全风险评估专家委员会对我国居民膳食中镉污染暴露情况进行了全面的风险评估，评估结果表明，我国居民膳食中镉污染水平整体安全，但部分地区人群镉暴露水平仍然较高。稻谷不同部位镉含量分布不稳定，通过稻谷脱壳不会显著降低大米中镉的污染水平，难以分别设置稻谷和大米的限量。为保护消费者健康，GB 2762—2022中稻米（含稻谷、糙米、大米）镉限量维持GB 2762—2017中0.2 mg/kg的限量要求。

5. GB 2762—2022中铅限量的修订内容有哪些？

FAO、WTO联合食品添加剂专家委员会（JECFA）2010年取消了铅的暂定每周耐受摄入量（PTWI），建议成员国努力降低食物中铅的含量，保障本国居民健康。CAC已全面下调铅限量标准，近年来各国均开始采取控制措施减少食品中铅污染，以降低其对人体的健康风险。我国于2010年启动了第一轮食品中铅限量修订，发布实施了GB 2762—2012《食品安全国家标准　食品中污染物限量》。随着我国食品中铅污染数据的积累，GB 2762—2022参照CAC“可合理达到的最低原则”（ALARA原则）开展新一轮修订，重点对婴幼儿食品、儿童经常食用的食品（如液态乳、果汁、蜂蜜等）以及部分食品制品（如蔬菜制品、水果制品等）中的铅限量进行了调整。食品生产经营者应重视食品中铅污染的控制，采取各种措施降低食品中铅污染水平。

6. GB 2762—2022 中食用菌及其制品中重金属限量的修订背景是什么？

食用菌可分为栽培食用菌和野生食用菌。野生食用菌通常指在自然界完全处于野生状态、不能人工培育的可食用菌，因其较为稀少而名贵，其消费量也远少于我们日常食用的栽培食用菌。野生食用菌中重金属的污染受生长环境影响，无法通过人为措施予以控制，并且个别野生食用菌品种对于某些重金属有富集特性。

GB 2762—2022 在修订过程中收集了我国常见栽培食用菌和野生食用菌中重金属污染数据，分析了各类食用菌对不同重金属的富集特性，并开展了食用菌中重金属暴露的风险评估，在保障消费者食用安全的前提条件下，对食用菌中铅、镉、汞、砷 4 项重金属限量进行了调整。修订后食用菌及其制品的重金属限量指标更加有针对性，如木耳及其制品、银耳及其制品中无机砷限量为 0.5 mg/kg（干重计），松茸及其制品中无机砷限量为 0.8 mg/kg，其他食用菌及其制品中无机砷限量为 0.5 mg/kg。

7. GB 2762—2022 中稻米中无机砷限量的修订背景是什么？

根据外皮脱除程度的不同，稻米可分为稻谷、糙米和大米。无机砷在稻米籽粒中浓度分布不均匀，稻壳中无机砷含量略高，稻谷在碾磨加工成大米的过程中可以减少约 50% 的无机砷。GB 2762—2022 进一步分析了我国稻米中无机砷污染数据，根据分析结果，将稻谷和糙米中无机砷限量由 0.2 mg/kg 调整为 0.35 mg/kg，维持大米中无机砷限量水平为 0.2 mg/kg。调查结果表明，符合限量标准要求的稻谷和糙米经碾磨加工后能够符合大米中无机砷限量要求，在保障消费者健康的前提下，减少不必要的粮食浪费。

8. GB 2762—2022 中复合调味料中砷限量的修订背景是什么？

砷化合物毒性取决于其形态，其中无机砷是国际癌症研究机构（IARC）确认的致癌物，而有机砷化合物毒性较低，二者合称为总砷。由于总砷的检测方法操作相对简单，GB 2762 对无机砷占总砷比例较为稳定的食品类别都规定总砷限量。复合调味料基于口味需求常常包括多种食品原料。例如，三鲜味的复合调味料常常会添加海带、盐渍裙带菜、虾米、虾皮等藻类及其制品或水产动物及其制品，菌汤味的产品会添加食用菌及其制品，而藻类、食用菌、水产动物对砷有特殊富集性，且其中多数是毒性较低的有机砷。添加少量易富集砷的原料即可导致复合调味料的总砷含量超出一般调味品的限量要求。在保障消费者健康的前提下，为避免因个别配料带入低风险有机砷影响终产品总砷含量，GB 2762—2022 将复合调味料的砷限量都改为无机砷，限量值为 0.1 mg/kg。藻类调味品在食品类别上应归属于复合调味料，因此删除原标准中“藻类调味品除外”的注释。

9. GB 2762—2022 的实施原则是什么？

GB 2762 属于强制执行的食品安全国家标准。标准实施后，其他相关规定与本标准不一致的，应当按照本标准执行。自 GB 2762—2022 实施之日起，GB 2762—2017 及第 1 号修改单即行废止。在 GB 2762—2022 实施日期前已生产的食品，可在产品保质期内继续销售。

GB 2762—2022 在实施中应当遵循以下原则：一是食品生产企业应当严格依据法律法规和标准组织生产，符合食品污染物限量标准要求；二是对标准未涵盖的其他食品污染物，或未制定限量值或控制水平的，食品生产者应当采取控制措施，使食品中污染物含量达到尽可能的最低水平；三是重点做好食品原料污染物控制，从食品源头降低和控制食品中污染物；四是严格生产过程食品安全管理，鼓励采用严于 GB 2762—2022 的控制要求，降低食品中污染物的含量。

致病菌限量标准

1. 食品安全国家标准对于致病菌的管理原则是什么？

一是食品生产、加工、经营者应当严格依据法律法规和标准组织生产和经营活动，使其产品符合致病菌限量标准的要求；二是对标准未涵盖的其他食源性致病菌，或未制定致病菌限量要求的食品类别，食品生产、加工、经营者均应通过采取各种控制措施尽可能降低微生物污染，进行致病菌风险的防控；三是食品生产、加工、经营者应严格管理食品生产、经营过程，尽可能降低食品中致病菌含量水平及导致风险的可能性，保障食品安全。

2. 食品安全标准如何管控致病菌？

我国已经制定多项和致病菌管控相关的标准，包括 GB 29921—2021《食品安全国家标准　预包装食品中致病菌限量》、GB 31607—2021《食品安全国家标准　散装即食食品中致病菌限量》2 项通用标准的致病菌限量规定，GB 7101—2022《食品安全国家标准　饮料》、GB 8537—2018《食品安全国家标准　饮用天然矿泉水》等产品标准中指示菌限量规定和特定产品的致病菌限量规定，以及 GB 14881—2013《食品安全国家标准　食品生产通用卫生规范》、GB 31654—2021《食品安全国家标准　餐饮服务通用卫生规范》等食品生产经营规范标准中的致病菌管理和控制要求。这些标准覆盖了我国居民主要消费食品的生产、流通、经营等各个环节。相关企业应正确、有效落实标准的各项规定，有效保证食品安全。

3. 为何 GB 29921—2021 不适用于执行商业无菌要求的食品、包装饮用水、饮用天然矿泉水？

对于罐头类食品等需要达到商业无菌要求的食品，应执行商业无菌要求。对于包装饮用水、饮用天然矿泉水等管理上具有特殊性的食品，按照相应食品安全国家标准产品标准中的规定执行。

4. GB 29921—2021 和 GB 31607—2021 分别管控哪些食品？

GB 29921—2021 适用于预包装食品，包括乳制品、肉制品、水产制品、即食蛋制品、粮食制品、即食豆制品、巧克力类及可可制品、即食果蔬制品、饮料、冷冻饮品、即食调味品、坚果与籽类食品、特殊膳食用食品，不适用于执行商业无菌要求的食品、包装饮用水、饮用天然矿泉水。

GB 31607—2021 适用于各类散装即食食品。考虑餐饮服务环节食品安全管理的方式和特点，不适用于餐饮服务中的食品。对于需要达到商业无菌要求的食品，应执行商业无菌要求。对于未经加工或处理的初级农产品亦不纳入 GB 31607—2021 管理。

5. GB 29921—2021 是如何确定需要规定致病菌指标的食品类别的？

GB 29921—2021 对乳制品、肉制品、水产制品、即食蛋制品、粮食制品、即食豆类制品、巧克力类及可可制品、即食果蔬制品、饮料、冷冻饮品、即食调味品、坚果与籽实类食品、特殊膳食用食品等 13 类食品中的致病菌指标和限量进行了规定。标准修订中根据国内外最新的食品安全风险评估结果，对标准已涵盖的致病菌指标的设置和限量要求的健康保护水平进行再评估。参考近年来国内外食品污染物、食源性疾病的监测结果，建立“食品 - 致病菌”组合，确定食品类别、指标和限量要求。

6. 非预包装食品应如何执行致病菌限量？

非预包装食品并非标准术语。非预包装食品如何执行致病菌限量需要首先判断其属于哪类食品，如散装即食食品应按照 GB 31607—2021 的规定执行。其他类别产品应按照标准应用原则的要求，严格实施生产卫生规范等相关要求，采取控制措施，尽可能降低食品中的致病菌含量水平及导致风险的可能性。

7. 标准中提到的“即食食品”和“非即食食品”应如何理解？

“即食食品”是提供给消费者，不需要进一步采取抑（杀）菌处理即可直接食用的食品，如薯片、巧克力、山楂糕等。“非即食食品”指需要进一步烹调的食品，如鲜冻畜禽产品等。

8. GB 31607—2021 主要管控哪些食品的致病菌？制定限量指标的原则是什么？

散装即食食品是我国大众饮食的重要组成部分，其种类繁多、风味多样、购买方便，备受消费者的青睐。但相对于预包装食品，散装即食食品在制作、销售过程中，易通过器具、加工人员等环节受到污染，更具有引发食源性疾病的潜在风险。GB 31607—2021 根据我国各地区散装即食食品中致病菌风险监测结果和行业发展现况，在分析散装即食食品相关研究资料和文献数据等的基础上，考虑加工过程对致病菌的影响以及储藏、销售和食用过程中致病菌的变化等因素，对可能给公众健康构成较大风险的散装即食食品规定了致病菌指标及其限量要求，包括热处理散装即食食品中的沙门氏菌、金黄色葡萄球菌、蜡样芽孢杆菌限量，部分或未经热处理散装即食食品中的沙门氏菌、金黄色葡萄球菌、单核细胞增生李斯特氏菌、副溶血性弧菌和蜡样芽孢杆菌限量，以及其他散装食品中沙门氏菌和金黄色葡萄球菌限量。

食品产品标准

一、乳和乳制品标准

1. 风味发酵乳定义中的“80%”如何理解？

按照GB 19302—2010《食品安全国家标准　发酵乳》的规定，风味发酵乳是指“以80%以上生牛（羊）乳或乳粉为原料，添加其他原料，经杀菌、发酵后pH降低，发酵前或后添加或不添加食品添加剂、营养强化剂、果蔬、谷物等制成的产品”。其中“80%以上”的要求是指每100 g除果蔬、谷物之外的发酵乳中的乳固体，高于80 g乳中的乳固体。

2. GB 2761—2017、GB 2762—2022中乳及乳制品均未包括牛初乳粉，相关企业标准备案时应参照执行哪些规定？

按照《卫生部办公厅关于牛初乳产品适用标准问题的复函》（卫办监督函〔2012〕335号）执行，即“一、牛初乳是健康奶牛产犊后七日内的乳。用牛初乳为原料生产乳制品的，应当严格遵守相关法律法规规定，其产品应当符合相应的国家标准、行业标准、地方标准和企业标准。对牛初乳粉的检验，可参照现行《牛初乳粉》规范（RHB 602—2005）中理化和卫生指标执行。二、在普通食品中添加牛初乳为原料的乳制品，应当按照相关食品标准执行。三、婴幼儿配方食品中不得添加牛初乳以及用牛初乳为原料生产的乳制品”。

3. 调制乳定义中的“80%”如何理解？

按照GB 25191—2010《食品安全国家标准　调制乳》的规定，调制乳是指“以不低于80%的生牛（羊）乳或复原乳为主要原料，添加其他原料或食品添加剂或食品强化剂，采用适当的杀菌或灭菌等工艺制成的液体产品”，其中“不低于80%”的要求是指每100 g调制乳中乳固体的含量不低于80 g乳中乳固体的含量。其中，乳固体的含量按GB 19301—2010《食品安全国家标准　生乳》要求执行，调制乳中复原乳的使用执行GB 25191—2010的有关规定。

二、饮料酒

1. 在酒类食品安全国家标准中是如何标示酒精度的？

GB 2757—2012《食品安全国家标准　蒸馏酒及其配制酒》中4.2规定了蒸馏酒及其配制酒应以“%vol”为单位标示酒精度。企业应结合产品工艺特点、储存条件等确定标示的酒精度。

2. 以蜂蜜为原料发酵的饮料酒是否属于发酵酒？

根据饮料酒的生产工艺，我国现有GB 2757—2012和GB 2758—2012《食品安全国家标准　发酵酒及其配制酒》2项关于发酵酒的食品安全国家标准 。以蜂蜜为主要原料发酵制成的饮料酒属于发酵酒。

3. 葡萄酒的保质期在GB 2758—2012中是如何规定的？

根据GB 2758—2012的规定，葡萄酒和其他酒精度大于或等于10%vol的发酵酒及其配制酒可免于标示保质期，即葡萄酒无论酒精度为多少，只要属于葡萄酒，就免于标示保质期。

三、蜂蜜

1. 蜂巢蜜是否适用GB 14963—2011？蜂巢应如何归类？

GB 14963—2011《食品安全国家标准　蜂蜜》规定“本标准适用于蜂蜜”。蜂蜜即蜜蜂采集植物的花蜜、分泌物或蜜露，与自身分泌物混合后，经充分酿造而成的天然甜物质。本标准除感官要求中“杂质”1项不适用于含蜡屑巢蜜，其余部分均适用于巢蜜。

根据GB/T 33045—2016《巢蜜》中3.1“巢蜜”的定义，蜂巢属于巢蜜的一部分。

2. GB 14963—2011中规定柑橘蜂蜜的蔗糖限量值≤10 g/100 g，柠檬蜂蜜是否属于柑橘蜂蜜？其蔗糖含量是否应按照柑橘蜂蜜来执行？

GB 14963—2011中的柑橘蜂蜜指柑橘属植物的蜂蜜。柠檬为芸香科（Rutaceae）柑橘属（*Citrus* L.）植物，故柠檬蜂蜜属于柑橘蜂蜜的一种，其指标应按照GB 14963—2011中柑橘蜂蜜的相关要求执行。

四、植物油

1. GB 2716—2018对于食用植物调和油的标签标识做了哪些规定？

GB 2716—2018《食品安全国家标准　植物油》中明确规定，食用植物调和油产品应以“食用植物调和油”命名，其标签标识应注明各种食用植物油的比例，且可以注明产品中大于2%脂肪酸组成的名称和含量（占总脂肪酸的质量分数）。

2. 采用水代法、压滤法工艺制成的芝麻香油，其溶剂残留量执行什么规定？

GB 2716—2018中规定食用植物油（包括调和油）溶剂残留量≤20 mg/kg，其中压榨油溶剂残留量不得检出（检出值小于10 mg/kg时，视为未检出）。对于采用水代法、压滤法工艺制成的芝麻香油，其溶剂残留量应按压榨油的规定执行。

五、保健食品

1. 保健食品执行GB 2760—2014和GB 14880—2012时应如何分类？

GB 2760—2014《食品安全国家标准　食品添加剂使用标准》和GB 14880—2012《食品安全国家标准　食品营养强化剂使用标准》的食品分类系统是针对食品添加剂和食品营养强化剂使用特点，参照《食品添加剂通用法典标准》（GSFA）的食品分类原则，以食品生产原料作为主要分类依据，结合我国食品产业食品加工工艺而建立的。

其中未单独规定保健食品类别。具有普通食品通常形态的保健食品可按照上述食品分类原则明确食品归属类别，按照 GB 2760—2014 和 GB 14880—2012 的规定使用食品添加剂、食品营养强化剂，例如，酒类保健食品中使用食品添加剂和食品营养强化剂可以参照酒类的规定执行。

胶囊、片剂、丸剂、膏剂等非普通食品通常形态的保健食品，由于其不符合 GB 2760—2014 和 GB 14880—2012 的食品分类原则，在技术层面难以对其进行归类，建议由负责保健食品审批的主管部门根据 GB 2760—2014 中食品添加剂的使用原则和 GB 14880—2012 中食品营养强化剂的强化目的、使用要求等，结合产品特点，另行制定这些类型保健食品的食品添加剂和食品营养强化剂的使用规定。

2. 胶囊类保健食品进行污染物、致病菌等指标检测时，应对胶囊进行整体检测还是分别进行检测？

对胶囊类保健食品进行污染物、微生物等指标检测时，应对胶囊整体进行检测。

六、饮料

1. GB 7101—2022 是否适用于餐饮服务环节的自制饮料？

GB 7101—2022《食品安全国家标准　饮料》不适用于餐饮服务环节的自制饮料。餐饮服务单位应按照相关法律法规的规定，加强餐饮环境、食品储存、冷藏等设备与设施、用水等的管理。

2. 乳酸菌是否可以添加至固体饮料中？是否对其菌落总数有要求？

乳酸菌可以按有关规定添加至固体饮料中。GB 7101—2022 未对添加了需氧和兼性厌氧菌种的活菌（未杀菌）型饮料规定菌落总数指标要求，因此，添加了乳酸菌的固体饮料是没有菌落总数要求的。按 GB 4789.2—2022《食品安全国家标准　食品微生物学检验　菌落总数测定》中的方法检出的微生物菌落均属于菌落总数计数范围。

七、糕点面包、饼干

1. 糕点、面包中酸价和过氧化值如何判定?

GB 7099—2015《食品安全国家标准 糕点、面包》中规定酸价和过氧化值指标仅适用于配料中添加油脂的产品，糕点或面包产品是否检测酸价和过氧化值应按照标准中的规定执行。

2. GB 7100—2015 中菌落总数指标要求是否适用于添加活性菌种的夹心饼干?

GB 7100—2015《食品安全国家标准 饼干》中的菌落总数指标不适用于添加了活性菌种（需氧和兼性厌氧）的夹心饼干，该类产品在标签上需标示活性菌种含量，以明示产品类型。

八、食品加工用菌种制剂

1. GB 31639—2023 规定了哪些内容?

GB 31639—2023《食品安全国家标准 食品加工用菌种制剂》为首次制定的标准，规定了范围、术语和定义、原料、感官、污染物限量、微生物限量以及标签等要求。

2. GB 31639—2023 适用于哪些产品?

GB 31639—2023 中规定的食品加工用菌种制剂，适用于食品发酵或作为原料添加到食品中的菌种制剂，不适用于提供给消费者直接食用的即食型菌种制剂产品以及固态发酵工艺生产的传统发酵酒类或食品用曲，如酒曲、红曲等。

3. 如何理解“食品加工用菌种制剂”的定义?

“食品加工用菌种制剂”的定义包括了以下含义。

（1）明确了此类产品作为原料用于食品生产，而不是用于食品添加剂生产，如用于生产酶制剂的菌种应按照食品添加剂使用标准的规定执行；

（2）“活的”是 GB 31639—2023 规定的产品生物特征性要求；

（3）GB 31639—2023 规定的产品是经一定的生产工艺生产的商品化产品，而非培养基斜面上的菌种，即包括了在培养过程中使用的，以及为保证菌种存活、储存、标准化等添加的原辅料。

4. GB 31639—2023 对原料做了哪些规定？

GB 31639—2023 对于原料的要求包括两个方面：一是菌种，二是除菌种外的其他原料。菌种应符合国务院卫生行政部门发布的法规、公告和相关规定，如国家卫生健康委发布的《可用于食品的菌种名单》和《可用于婴幼儿食品的菌种名单》，以及后续审批的新菌种的公告等。菌种发酵及制剂化过程中所添加的原料应符合相应标准和有关规定。

5. GB 31639—2023 与 GB 31639—2016 的关系如何？

GB 31639—2023 的范围包括食品加工用酵母，代替 GB 31639—2016《食品安全国家标准　食品加工用酵母》。

九、其他

1. 复合型食品（如枣夹核桃仁）应如何执行食品安全国家标准？

“枣夹核桃仁”类食品，干果部分执行食品安全国家标准通用标准中相关类别的要求，坚果部分执行 GB 19300—2014《食品安全国家标准　坚果与籽类食品》中的有关要求。

2. 东北酸菜是否执行 GB 2714—2015？

“东北酸菜”如果是经微生物发酵而成的，则属于 GB 2714—2015《食品安全国家标准　酱腌菜》中定义的“发酵酸菜”，其添加剂的使用应符合 GB 2760—2014 食品分类系统中发酵蔬菜制品（食品分类号 04.02.02.06）的规定。

特殊膳食用食品产品标准

1. 如何界定婴幼儿配方食品？

婴幼儿配方食品是指以乳类及乳蛋白制品和 / 或大豆及大豆蛋白制品为主要蛋白来源，加入适量的维生素、矿物质和 / 或其他原料，仅用物理方法生产加工制成的产品。目前，我国婴幼儿配方食品包括婴儿配方食品、较大婴儿配方食品、幼儿配方食品和特殊医学用途婴儿配方食品 4 类，分别对应 4 项食品安全国家标准，包括《食品安全国家标准　婴儿配方食品》《食品安全国家标准　较大婴儿配方食品》《食品安全国家标准　幼儿配方食品》《食品安全国家标准　特殊医学用途婴儿配方食品通则》，从而构成了我国婴幼儿配方食品的食品安全国家标准体系。

2021 年，我国修订并发布了 GB 10765—2021《食品安全国家标准　婴儿配方食品》、GB 10766—2021《食品安全国家标准　较大婴儿配方食品》、GB 10767—2021《食品安全国家标准　幼儿配方食品》3 项食品安全国家标准。本次标准修订对婴幼儿配方食品进行了进一步界定，明确了婴儿、较大婴儿的乳基和豆基配方食品概念。两种不同基质的产品应分别以乳类及乳蛋白制品（乳基），或大豆及大豆蛋白制品（豆基）为主要蛋白来源，这两种蛋白来源不可混合使用。对于幼儿配方食品，则可以单独或同时使用。当单独使用时，分别为乳基幼儿配方食品或豆基幼儿配方食品。无论乳基还是豆基产品，均指产品中蛋白质的主要来源应为乳类及乳蛋白制品，或大豆及大豆蛋白制品。

此外，随着食品生产加工工艺的不断改进和消费者对产品多样化的需求，本次修订取消了 2010 年版标准中对产品形态的要求，不再局限为粉状，鼓励企业生产液态、固态等更多符合消费者需求的产品。

2. 修订后的婴幼儿配方食品系列标准主要变化有哪些？

修订后的标准主要有如下几方面变化：一是与国际食品法典委员会标准修订趋势一致，将 GB 10767—2010《食品安全国家标准　较大婴儿和幼儿配方食品》拆分为 GB 10766—2021《食品安全国家标准　较大婴儿配方食品》、GB 10767—2021《食品安

全国家标准　幼儿配方食品》2 项标准；二是为充分保证婴幼儿配方食品营养有效性，修订或增加了产品中营养素含量的最小值；三是为充分保障婴幼儿营养的安全性，修订或增加了产品中营养素含量的最大值；四是将 2010 年版标准中部分可选择成分调整为必需成分；五是污染物、真菌毒素和致病菌限量要求统一引用相关通用标准，体现标准间协调性。

3. 宏量营养素（即蛋白质、碳水化合物和脂肪）指标有哪些修订？

根据最新的科学证据，参考国际标准的修订趋势，结合我国婴幼儿的营养素需要量，对宏量营养素进行了修订：一是调整了较大婴儿和幼儿配方食品中蛋白质含量要求，并增加了较大婴儿配方食品中乳清蛋白含量要求；二是调整了较大婴儿配方食品中碳水化合物含量要求，与婴儿配方食品要求一致；三是增加了较大婴儿和幼儿配方食品中乳糖含量要求，并明确限制蔗糖在婴儿和较大婴儿配方食品中添加。通过修订进一步提高对产品中宏量营养素含量和质量要求。

4. GB 10765—2021 和 GB 10766—2021 对果糖和蔗糖的要求是什么？

GB 10765—2021 和 GB 10766—2021 对果糖和蔗糖的要求是：婴儿和较大婴儿配方食品不应使用果糖、蔗糖以及果葡糖浆等含有果糖和 / 或蔗糖的原料作为主要碳水化合物来源。

5. 维生素和矿物质有哪些修订？

标准中维生素和矿物质含量值的修订主要包括：一是设定了部分指标的最小值，以保证营养素摄入的充足性；二是设定了部分指标的最大值，以保证营养素摄入的安全性；三是考虑豆基婴幼儿配方食品对铁、锌和磷吸收利用率的影响，增加了豆基产品中对铁、锌、磷含量的单独规定。

6. 由可选择成分调整为必需成分有哪些修订？

胆碱、硒和锰对婴幼儿生长发育具有重要作用，结合当前我国市场产品中营养素的实际添加情况，将婴儿和较大婴儿配方食品中的胆碱从可选择成分调整为必需成分，将较大婴儿配方食品中的锰和硒从可选择成分调整为必需成分。

7. GB 10765—2021、GB 10766—2021 和 GB 10767—2021 对可选择成分做出了规定。如果产品中未添加且标签中未标示可选择成分，产品中可选择成分的含量是否可以不按照相应标准中可选择成分指标的要求执行？

3 项标准分别于相应标准中 3.4.1 规定，如果在产品中选择添加或标签中标示一种或多种可选择成分，其含量应符合相应标准中表 4 的规定。当产品中未添加，且在标签中未标示可选择成分时，其含量可以不按照相应标准中表 4 的要求执行。

8. 婴幼儿配方食品中可用菌种的要求是什么？

如果生产企业在婴幼儿配方食品中添加菌种，产品中的活菌数应≥10^6 CFU/g（mL），菌种（菌株号）应符合国家卫生健康委发布的允许用于婴幼儿食品的菌种名单和 GB 31639—2023《食品安全国家标准　食品加工用菌种制剂》的有关规定。

9. 婴幼儿配方食品中的污染物、真菌毒素和致病菌限量要求是什么？

GB 10765—2021、GB 10766—2021 和 GB 10767—2021 中删除了其他食品安全国家标准通用标准中已涵盖的相关内容，如污染物、真菌毒素、致病菌限量指标等，相关技术要求应符合 GB 2762《食品安全国家标准　食品中污染物限量》、GB 2761《食品安全国家标准　食品中真菌毒素限量》以及 GB 29921《食品安全国家标准　预包装食品中致病菌限量》等通用标准的规定。

10. 在婴幼儿配方食品中使用既属于营养强化剂又属于新食品原料物质的要求是什么？

婴幼儿配方食品中允许添加低聚半乳糖等既属于营养强化剂又属于新食品原料的物质。如果以营养强化为目的，其使用应符合 GB 14880—2012《食品安全国家标准　食品营养强化剂使用标准》的要求；如果作为食品原料，应符合新食品原料相关公告的规定。

11. 驴乳粉是否可以作为加工乳基婴幼儿配方食品的原料？

鉴于婴幼儿配方食品的特殊性和适用人群的敏感性，建议目前不将驴乳粉作为加工乳基婴幼儿配方食品的原料。将来是否使用应根据相关标准修订情况、更多的风险评估结果和产品稳定性数据等综合考虑。

12. 婴幼儿配方食品系列标准的实施要求有哪些？

婴幼儿配方食品系列标准实施过渡期设置参考了以往版本的规定，兼顾婴幼儿配方食品监管注册的实际需求，综合各方因素后设为2年。婴幼儿配方食品系列标准属于强制性食品安全国家标准，在该系列标准实施日期前，允许并鼓励食品生产经营单位按照本标准执行。在该系列标准实施日期之后，食品生产经营单位、食品安全监管机构和检验机构应按照本标准执行。在实施日期前已生产的食品可在保质期内继续销售。

13. 进口婴幼儿配方乳粉基粉如何执行国家相关标准？

由于进口的婴幼儿乳粉基粉不是最终产品，也不是单一配料的产品，因此没有相应的国家标准，国家也无类似的标准。

考虑不同企业进口的基粉营养素本底可能不完全一致，建议按照进口双方约定的合同项目进行检验。

14. 哪些特殊医学用途婴儿配方食品中可以添加单体氨基酸？

为改善特殊医学用途婴儿配方食品的蛋白质质量，提高其营养价值，GB 25596—2010《食品安全国家标准　特殊医学用途婴儿配方食品通则》中4.5.2规定："根据患有特殊紊乱、疾病或医疗状况婴儿的特殊营养需求，可选择性地添加GB 14880或本标准附录B中列出的L型单体氨基酸及其盐类，所使用的L型单体氨基酸质量规格应符合附录B的规定。"上述条款适用于该标准附录A中所有类型的产品。

15. 婴幼儿谷类辅助食品中能否添加嗜酸乳杆菌？

婴幼儿谷类辅助食品可添加由原卫生部和近年来国家卫生健康委审批发布的《可用于婴幼儿食品的菌种名单》菌种。其中嗜酸乳杆菌在上述名单中，适用于幼儿食品，其添加量应符合GB 10769—2010《食品安全国家标准　婴幼儿谷类辅助食品》的规定。

16. 普通食品抗性糊精作为膳食纤维来源是否可以应用于特殊医学用途配方食品中？

GB 29922—2013《食品安全国家标准　特殊医学用途配方食品通则》中对于膳

食纤维的规定是指作为营养强化剂使用的膳食纤维。其他食品原料在特殊医学用途配方食品中的使用应符合国家法律法规要求，企业应确保终产品中膳食纤维的含量符合GB 29922—2013的规定。

17. 富硒麦芽粉是否属于特殊医学用途配方食品？

特殊医学用途配方食品是指为了满足进食受限、消化吸收障碍、代谢紊乱或特定疾病状态人群对营养素或膳食的特殊需要，专门加工配制而成的配方食品。该类产品应符合GB 29922—2013的要求。富硒麦芽粉不属于特殊医学用途配方食品，其中“富硒”是对普通食品进行的营养声称，应符合GB 28050—2011《食品安全国家标准　预包装食品营养标签通则》中关于营养声称的相关规定。

18. 鱼油及提取物在特殊医学用途配方食品中的添加量如何确定？

特殊医学用途配方食品中营养素的含量是基于特定疾病或特殊医学状况下人群对营养素的特殊需求而规定的，与疾病种类等密切相关。该类人群对部分营养素的需求可能与健康人群不同。关于鱼油及提取物在特殊医学用途配方食品中的添加量，由于目前相关国家标准正在修订或制定过程中，尚需根据最新国内外科学证据确定。

食品生产经营卫生规范标准

1. GB 31605—2020的内容主要有哪些？

GB 31605—2020《食品安全国家标准　食品冷链物流卫生规范》规定了食品冷链物流过程中的基本要求、交接、运输配送、储存、人员和管理制度、追溯及召回、文件管理等方面的要求和管理准则。标准中对新型冠状病毒感染疫情防控的特殊规定主要集中在基本要求、交接、人员和管理制度、追溯和召回、文件管理章节，规定了当食品冷链物流关系到公共卫生事件时，应当执行的相关规定，加强了冷链物流防控过程的技术要求。其中，3.6“基本要求”规定：“当食品冷链物流关系到公共卫生事件时，应及时根据有关部门的要求，采取相应的预防和处置措施，对相关区域和物品按照有关要求进行清洗消毒，对频繁接触部位应适当增加消毒频次，防止与冷链物流相关的人员、环境和食品受到污染。”4.7“交接”规定：“当食品冷链物流关系到公共卫生事件时，应进行食品外包装及交接用相关用品用具的清洁和消毒。”7.5“人员和管理制度”规定：“当食品冷链物流关系到公共卫生事件时，应按照有关部门的要求，加强人员健康状况管理，根据岗位需要做好人员健康防护。”8.2“追溯及召回”规定：“当食品冷链物流关系到公共卫生事件时，对受污染的食品应按照有关部门的要求进行处置。”9.3“文件管理”规定：“当食品冷链物流关系到公共卫生事件时，应按照有关部门的要求执行。”

2. GB 31654—2021 的适用范围和对象有哪些？

GB 31654—2021《食品安全国家标准　餐饮服务通用卫生规范》适用于餐饮服务经营者和集中用餐单位的食堂从事的各类餐饮服务活动。原国家食品药品监督管理总局《食品经营许可管理办法》（国家食品药品监督管理总局令第 17 号）规定，食品经营主体业态分为餐饮服务经营者、单位食堂等。

（1）餐饮服务经营者，指从事经营活动的各类餐饮服务提供者，包括餐饮服务企业和个体经营户。中央厨房和集体用餐配送单位也属于餐饮服务经营者的范畴。中央厨房指由餐饮单位建立的、具有独立场所及设施设备、集中完成食品成品或者半成品加工制作并配送的食品经营者。集体用餐配送单位指根据服务对象订购要求，集中加工、分送食品但不提供就餐场所的食品经营者。工厂化的盒饭、团餐加工企业属于集体用餐配送单位。

（2）单位食堂，指设于机关、事业单位、社会团体、民办非企业单位、企业等，供应内部职工、学生等集中就餐的餐饮服务提供者。

GB 31654—2021 还针对网络餐饮服务第三方平台提供者对餐饮外卖的食品安全管理要求进行了规定，并规定如制定某类餐饮服务活动的专项卫生规范，应当以本标准作为基础。省、自治区、直辖市规定按小餐饮管理的餐饮服务活动可参照本标准执行。

3. GB 14881—2013 的主要内容有哪些？

GB 14881—2013《食品安全国家标准　食品生产通用卫生规范》规定了食品生产

过程中的原料采购、加工、包装、储存和运输等环节的场所、设施、人员的基本要求和管理准则。标准共有 14 章，包括范围，术语和定义，选址及厂区环境，厂房和车间，设施与设备，卫生管理，食品原料、食品添加剂和食品相关产品，生产过程的食品安全控制，检验，食品的储存和运输，产品召回管理，培训，管理制度和人员，记录和文件管理。GB 14881—2013 是制定其他专项规范的基础，主要侧重基础性、原则性要求，是食品生产企业必须遵守的技术规范类的通用标准。

4. GB 31612—2023 的主要内容有哪些？

GB 31612—2023《食品安全国家标准　食品加工用菌种制剂生产卫生规范》规定了食品加工用菌种制剂生产过程中原料采购、菌种的使用与管理、加工、包装、储存和运输等环节的场所、设施、人员的基本要求和管理准则。主要内容包括以下几个方面。

（1）范围。明确适用于食品加工用菌种制剂的生产，不适用于直接食用的产品以及固态发酵工艺生产的酒曲、红曲等。

（2）术语和定义。本标准与食品产品标准 GB 31639—2023 同步发布，因此“食品加工用菌种制剂”的术语和定义直接引用该产品标准中的术语和定义。

（3）厂房和车间。规定了菌体富集、乳化、干燥、混合和内包装应为清洁作业区，以及清洁作业区和准清洁作业区的空气洁净度控制要求。

（4）卫生管理。规定了防控噬菌体污染的要求。

（5）生产过程的食品安全控制。按照菌种制剂生产工艺的环节，对每个环节的食品安全相关措施进行了规定。

5. GB 23790—2023 主要规定了哪些内容？

GB 23790—2023《食品安全国家标准　婴幼儿配方食品良好生产规范》代替 GB 23790—2010《食品安全国家标准　粉状婴幼儿配方食品良好生产规范》。GB 23790—2023 主要参考 CAC 婴幼儿配方粉生产卫生规范等国际标准及国外标准，并结合我国产业化实践，完善了标准的适用范围、厂房和车间、杀菌设备、生产过程的食品安全控制等关键技术要求。

6. GB 23790—2023 适用于哪些产品？

GB 23790—2023 中规定的婴幼儿配方食品包括粉状婴幼儿配方食品和液态婴幼儿配方食品。

7. GB 23790—2023 主要修订了哪些内容？

（1）适用范围。为了适应行业发展和产品创新需要，增加了液态婴幼儿配方食品相关内容。

（2）厂房和车间。细化了不同作业区举例，重点增加了粉状和液态婴幼儿食品生产清洁作业区动态标准控制要求。

（3）设施与设备。杀菌是婴幼儿配方食品生产的关键技术工序，增加了生产过程中各类杀菌设备应符合杀菌工艺的基本要求，以及液态婴幼儿配方食品的无菌灌装和灌装后热力杀菌的评估要求，特别规定了灌装后杀菌设备的热分布测试要求。

（4）生产过程的食品安全控制。根据不同产品类型，分别规定了粉状和液态婴幼儿配方食品生产过程特殊技术要求等。

8. GB 23790—2023 实施时需注意什么？

GB 23790—2023 实施过渡期为 1 年，将于 2024 年 9 月 6 日正式实施，GB 23790—2023 实施时，需结合 GB 14881—2013 和 GB 12693—2023《食品安全国家标准　乳制品良好生产规范》等相关要求，确保婴幼儿配方食品生产加工全产业链实现食品安全的有效评估和控制。

9. GB 29923—2023 的主要内容有哪些？

GB 29923—2023《食品安全国家标准　特殊医学用途配方食品良好生产规范》是对 GB 29923—2013《食品安全国家标准　特殊医学用途配方食品企业良好生产规范》的修订，规定了特殊医学用途配方食品生产过程中原料采购、加工、包装、储存和运输等环节的场所、设施、人员的基本要求和管理准则。主要修订内容包括以下几个方面。

（1）厂房和车间。增加了无后续杀菌（或灭菌）和有后续杀菌（或灭菌）操作区域的不同规定，规定了清洁作业区的环境及动态控制要求和准清洁作业区空气沉降菌的要求。

（2）食品原料、食品添加剂和食品相关产品。婴儿和重症病人对特定致敏物质高度敏感，如果产品致敏物质控制出现偏差，极易造成重大食品安全问题，因此调整并明确了对致敏物质原料储存的要求。

（3）生产过程的食品安全控制。增加了应遵循危害分析与关键控制点的有关原则，以及建立并有效运行严格的食品安全控制体系的要求。

10. GB 12693—2023 的主要内容有哪些？

GB 12693—2023《食品安全国家标准　乳制品良好生产规范》是对 GB 12693—2010《食品安全国家标准　乳制品良好生产规范》的修订，规定了乳制品生产过程中原料采购、加工、包装、储存和运输等环节的场所、设施、人员的基本要求和管理准则。主要修订内容包括以下几个方面。

（1）厂房和车间。应根据产品特点、生产工艺以及生产过程对清洁程度的要求，将厂房和车间划分为一般作业区、准清洁作业区和清洁作业区，并具体规定了涵盖的车间范围。

（2）设施和设备。杀菌是乳制品生产的关键技术工序，增加了生产过程中各类杀菌设备应符合杀菌工艺的基本要求，以及杀菌设备应定期进行杀菌效果验证等。

（3）生产过程的食品安全控制。规定了应遵循危害分析与关键控制点的有关原则，以及建立并有效运行严格的食品安全控制体系，并根据检测实际，按照不同乳制品的种类，对其清洁作业区、准清洁作业区空气沉降菌菌数进行了规定，同时规定了不同乳制品生产过程特殊的技术要求。

11. GB 19303—2023 的主要内容有哪些？

GB 19303—2023《食品安全国家标准　熟肉制品生产卫生规范》是对 GB 19303—2003《食品安全国家标准　熟肉制品企业生产卫生规范》的修订，规定了熟肉制品生产过程中原料采购、加工、包装、储存和运输等环节的场所、设施、人员的基本要求和管理准则。主要修订内容包括以下几个方面。

（1）根据熟肉制品生产工艺需要，提出了清洁作业区、准清洁作业区和一般作业区的布局要求，并结合目前实际生产现状，修改了物料运输通道要求。

（2）在卫生管理章条，修改了“设备、工器具、操作台，以及地面、设备设施、墙壁、排水槽清洁消毒频率”要求。为防止外界污染产品，增加了内包装车间卫生、设备设施清洁消毒、清洁消毒频率、食品加工人员手部清洗消毒、佩戴手套和口罩，以及食品加工人员在产品加工现场应避免可能造成产品污染行为的要求。

（3）生产过程的食品安全控制章条，对于腌制间、冷冻库、包装车间等通用场所，根据相应标准和规范，增加了具体温度要求，并特别强调了发酵肉制品生产应根据工艺需要控制腌制、发酵和干燥过程的温度、湿度和时间。

（4）增加了资料性附录，提出了清洁消毒、过程微生物监控的具体要求。

食品添加剂和食品营养强化剂标准

一、GB 2760—2014《食品安全国家标准　食品添加剂使用标准》相关问题

（一）标准适用范围和执行相关问题

1. 食品本底中存在的食品添加剂同种物质是否适用 GB 2760—2014？根据食品中食品添加剂的检验结果判断食品添加剂的使用是否符合标准时应注意什么？

每个标准都有其特定的适用范围，GB 2760—2014 是规范食品添加剂使用的标准。食品添加剂是为了改善食品品质和色、香、味，以及防腐、保鲜和加工工艺的需要而加入食品中的人工合成或者天然物质。如果不是在食品生产加工过程中加入而是食品本身天然存在的物质，虽然名称与食品添加剂名称相同，但不属于食品添加剂的范畴，不适用本标准。例如食品中天然存在的苯甲酸、铝等不适用本标准。相关行业和企业应对食品中本底情况进行系统分析，有针对性地进行控制。

GB 2760—2014 规定的是食品添加剂在食品中的最大使用量。由于本底、带入原则等情况的存在，最大使用量并不必然等同于该物质在最终食品中的含量。同理，标

准中某种食品添加剂的使用范围中未列出某个食品类别，只是表明在该食品生产加工过程中不允许使用该食品添加剂，并不表明在该食品中不得检出该物质。因此，对食品生产过程中食品添加剂使用情况的监控（即过程监管，如食品生产过程中食品添加剂的投料记录等）是判断食品中食品添加剂的使用是否符合标准的最佳手段。在利用食品中食品添加剂含量检测结果进行判定时，应综合考虑食品中食品添加剂的使用、食品添加剂的带入、食品中的本底水平等情况。

2. 当企业想用 GB 2760—2014 中未列出的食品添加剂或者把已经列入 GB 2760—2014 的食品添加剂用于其他类别的食品中时，需要开展哪些工作？

目前我国对于食品添加剂新品种实行行政许可管理，只有经审批后列入 GB 2760—2014 和国家卫生健康委公告允许使用的食品添加剂名单中的物质才可用于食品中。若想用 GB 2760—2014 中未列出的食品添加剂或拟扩大食品添加剂的使用范围和 / 或使用量，可以按照《食品添加剂新品种管理办法》（卫生部令第 73 号）、《卫生部关于印发〈食品添加剂新品种申报与受理规定〉的通知》（卫监督发〔2010〕49 号）以及《关于规范食品添加剂新品种许可管理的公告》（卫生部公告 2011 年第 29 号）等相关规定进行申报，经批准后方可使用。

3. 由多种食品类别组成的复合产品如何执行 GB 2760—2014？

GB 2760—2014 中的“食品分类系统”是以食品生产所使用的原料为基础，结合食品加工工艺特点进行划分的。对于由多种食品类别组成的复合产品，可根据食品各组成成分的食品原料类别归属、加工工艺等信息确定各成分在食品分类系统中相应的食品类别，按照相应的食品类别规定使用食品添加剂。如肉馅饺子，饺子皮中食品添加剂使用应按照面制品的规定执行，肉馅中食品添加剂使用应按照肉制品的规定执行。

4. 餐饮环节是否可以使用食品添加剂？

GB 2760—2014 中的“食品分类系统”是以食品生产所使用的原料为基础，结合食品加工工艺特点进行划分的，主要适用于加工食品。餐饮环节生产的食品可按照食品分类原则明确食品归属类别的，建议结合食品添加剂使用的工艺必要性，按照GB 2760—2014中相应食品类别的规定使用食品添加剂。例如，餐饮环节制作的焙烤食品可以按照GB 2760—2014中焙烤食品的规定使用食品添加剂。

5. 当一种物质既具有食品原料的属性，又可作为食品添加剂使用时，应符合什么规定？如聚葡萄糖作为膳食纤维时是否必须遵守GB 2760—2014的规定？

GB 2760—2014中部分食品添加剂品种同时具有食品原料的属性，当作为食品添加剂使用时应当遵守本标准的规定，当作为食品原料使用时应符合食品原料的相关要求。如聚葡萄糖作为食品添加剂使用时，具有增稠剂、膨松剂、水分保持剂、稳定剂等的功能，在GB 2760—2014中规定了其具体的使用范围和使用量要求。同时聚葡萄糖也是一种可溶性膳食纤维，可作为食品原料使用。当该物质作为食品添加剂使用时，应遵守GB 2760—2014的规定；当该物质作为可溶性膳食纤维使用时，属于食品原料，应符合原料的相关规定。

（二）食品分类相关问题

1. 如何确定GB 2760—2014食品分类系统中的分类？遇到无法归类的情况如何处理？

GB 2760—2014规定的食品分类系统用于界定食品添加剂的使用范围，是针对食品添加剂的使用特点划分食物类别。该标准食品分类系统主要以食品原料为基础，结合加工工艺进行划分，分类系统包含了最大可能完整的食品类别。同时，与该标准配套的《GB 2760—2014〈食品安全国家标准　食品添加剂使用标准〉实施指南》对该分类系统中每个食品类别进行了解释说明和举例。在使用食品添加剂时，可以根据食品产品原料、生产工艺等信息，参考食品类别的解释说明，将其归入相应的食品类别，按照本标准的规定使用食品添加剂。对于无法归类的食品或食品原料，可以暂时归入其他类，按照本标准规定使用食品添加剂。

食品原料生产者应下游食品生产者的要求，加入下游企业生产的最终食品所需的食品添加剂时，则应满足该标准中带入原则的相关规定。

2. 遇到 GB 2760—2014 的食品分类与其他食品分类不一致时如何处理？如植脂末在本标准中归类为其他油脂或油脂制品，在生产许可分类系统中归类为固体饮料，在实际操作中应如何处理？

出于不同的目的，可能会有不同的食品分类原则和不同的食品分类系统。GB 2760—2014 的食品分类系统用于界定食品添加剂的使用范围，只适用于该标准。当确定一种食品生产加工过程中能使用哪些食品添加剂时，应根据该标准的食品分类体系进行归类。植脂末在使用食品添加剂时，应按照其他油脂或油脂制品的规定使用食品添加剂。

3. 有双重或者多重属性的食品应如何分类？如蛋白型固体饮料应归属蛋白饮料类还是固体饮料类？部分添加剂可以用于蛋白饮料类或者其下子类别，那么该添加剂是否可用于蛋白型固体饮料，使用量应如何规定？

对于部分有双重或者多重属性的食品，应根据其主要产品属性，按照 GB 2760—2014 的食品分类原则将其归入某一食品类别，按照该标准规定使用食品添加剂。按照 GB 2760—2014 附录 E 中的食品分类系统，蛋白固体饮料（食品分类号 14.06.02）属于固体饮料（食品分类号 14.06）。允许用于蛋白饮料的食品添加剂，若明确注明固体饮料按照稀释倍数增加使用量，则可以在蛋白固体饮料中使用，使用量按照稀释倍数折算。

4. 油炸坚果和籽类应归属哪一食品类别？

根据 GB 2760—2014 的规定，熟制坚果与籽类（食品分类号 04.05.02.01）分为带壳熟制坚果与籽类（食品分类号 04.05.02.01.01）和脱壳熟制坚果与籽类（食品分类号 04.05.02.01.02）。其中熟制坚果与籽类的加工工艺包含了油炸工艺，该工艺同样适用于其下级类别。

5. 馒头的食品分类是什么？

根据 GB 2760—2014 的规定，馒头属于发酵面制品（食品分类号 06.03.02.03）。

（三）带入原则相关问题

1. 食品添加剂的带入原则是什么？

食品添加剂带入原则是指某种食品添加剂不是直接加入食品中的，而是随着其他含有该种食品添加剂的食品原（配）料带入的，如酱肉中的苯甲酸可能是通过配料酱油带入。但是，如果为了使终产品达到抗氧化、延长货架期的作用而故意在其食品配料中大量添加某种抗氧化剂，或者故意将无工艺必要性的配料以抗氧化剂载体的身份用于终产品，即在配料中使用抗氧化剂的目的是在终产品中发挥功能作用的情况不符合带入原则。

食品添加剂带入原则规定的在食品配料中添加的食品添加剂，是为了在特定终产品中发挥工艺作用，而不是在食品配料中发挥工艺作用，添加的食品添加剂必须是GB 2760—2014允许在该食品终产品中使用的品种，且这种食品添加剂在食品配料中的使用量，应保证在食品终产品中的用量不能超过GB 2760—2014的规定。添加了上述食品添加剂的配料仅能作为特定食品终产品的原料，且标签上必须明确标识该食品配料是用于特定食品终产品的生产。如使用添加了β-胡萝卜素等油溶性色素的糕点专用油脂制作蛋糕等焙烤食品。β-胡萝卜素原本不能在植物油中使用，但它可以作为着色剂在蛋糕等焙烤食品中使用，最大使用量为1.0 g/kg，那么，按照带入原则用于该蛋糕生产的糕点专用油脂中可以添加β-胡萝卜素，且其在专用油脂中的添加量换算到蛋糕中时不应超过1.0 g/kg。

2. 食用盐是否允许添加柠檬黄？专门用于生产腌渍蔬菜的腌渍盐是否可以按照腌渍蔬菜的规定使用柠檬黄？

根据GB 2760—2014的规定，食品添加剂柠檬黄不允许用于盐及代盐制品。柠檬黄允许用于腌渍的蔬菜，最大使用量为0.1 g/kg。按照GB 2760—2014中3.4.2的规定，当食用盐作为原料用于生产腌渍的蔬菜时，根据腌渍的蔬菜工艺需要可以预先在腌制用食用盐中添加柠檬黄，所添加的柠檬黄在腌渍的蔬菜中发挥工艺作用，用量应符合腌渍的蔬菜中柠檬黄的最大使用量。而且在食用盐的标签上必须注明只能用于生产腌渍的蔬菜。

3. 成品若为烘焙食品的半成品，将该产品解冻后焙烤，成品为面包或糕点（含馅或不含馅），因其最终产品为烘焙食品，是否可以使用烘焙食品使用的添加剂？

此种情况应符合GB 2760—2014中3.4.2的规定。

4. 未列入 GB 2760—2014 食品分类系统中的饮料浓缩液（浓浆）类产品如何使用食品添加剂？可否按照稀释后的相应成品饮料中批准使用的食品添加剂品种和使用量使用食品添加剂？

鉴于“饮料浓缩液（浓浆）”为用于生产饮料的中间产品，其中使用食品添加剂的目的是饮料生产加工的需要，根据 GB 2760—2014 中 3.4.2 的规定可以使用本标准批准在饮料中使用的食品添加剂品种，其使用量应能保证其所生产的饮料中食品添加剂符合本标准规定。

（四）附录 A 相关问题

1. 同一种添加剂可能有几种不同的功能，企业应如何判断使用的添加剂属于哪一种功能类别？

食品添加剂在食品中使用时应具有工艺必要性，食品生产者应根据所生产食品中使用食品添加剂的实际需求，确定该食品添加剂发挥的主要功能类别。

2. 附录 A 的 A.2 中“同一功能的食品添加剂”所列举的相同色泽着色剂、防腐剂、抗氧化剂，是以这 3 类食品添加剂举例，还是仅指这 3 类食品添加剂？

仅指这 3 类食品添加剂。

3. GB 2760—2014 中甜菊糖苷的最大使用量以甜菊醇当量计，在具体使用甜菊糖苷时甜菊醇当量应如何计算？

甜菊糖苷中可能含有甜菊苷、瑞鲍迪苷 A、瑞鲍迪苷 B、瑞鲍迪苷 C、瑞鲍迪苷 D、瑞鲍迪苷 F、杜克苷 A、甜茶苷和甜菊双糖苷等 9 种糖苷。由于这 9 种糖苷的相对分子质量各不相同，GB 2760—2014 中规定的甜菊糖苷在各个食品类别中的最大使用量以甜菊醇当量计。甜菊醇的相对分子质量为 318，9 种糖苷与甜菊醇当量的转化系数见表 2（数据来源于欧盟关于食品添加剂甜菊糖苷的质量规格标准）。

表 2　9 种糖苷与甜菊醇当量的转化系数

序号	糖苷名称	分子式	相当于甜菊醇当量的倍数
1	甜菊苷	$C_{38}H_{60}O_{18}$	0.40
2	瑞鲍迪苷 A	$C_{44}H_{70}O_{23}$	0.33
3	瑞鲍迪苷 B	$C_{38}H_{60}O_{18}$	0.40
4	瑞鲍迪苷 C	$C_{44}H_{70}O_{22}$	0.34
5	瑞鲍迪苷 D	$C_{50}H_{80}O_{28}$	0.29
6	瑞鲍迪苷 F	$C_{43}H_{68}O_{22}$	0.34
7	杜克苷 A	$C_{38}H_{60}O_{17}$	0.40
8	甜茶苷	$C_{32}H_{50}O_{13}$	0.50
9	甜菊双糖苷	$C_{32}H_{50}O_{13}$	0.50

例如，GB 2760—2014 中规定甜菊糖苷在“07.02 糕点”中的最大使用量为 0.33 g/kg（以甜菊醇当量计），某种甜菊糖苷中含有 90% 瑞鲍迪苷 A 和 5% 瑞鲍迪苷 B，则该甜菊糖苷在糕点中的最大使用量为 0.33/（90% × 0.33+5% × 0.40），即 1.04 g/kg。

（五）附录 B 相关问题

1. 婴幼儿谷类辅助食品除了添加剂香兰素以外，能否添加其他香料？

根据原卫生部 2008 年第 21 号公告附件“婴幼儿配方食品和谷类食品中香料使用规定”以及 GB 2760—2014 中附录 B 的规定，婴幼儿谷类辅助食品中只能使用香兰素，最大使用量为 7 mg/100 g，其中 100 g 以即食食品计，生产企业可以按照冲调比例折算成谷类辅助食品中的使用量。

2. 当一种食品添加剂兼具普通食品添加剂和香料的功能时，其使用应分别符合哪些规定？

GB 2760—2014 中部分食品添加剂品种同时兼具普通食品添加剂（如防腐剂）和香料的功能，如苯甲酸。当其作为防腐剂使用时，应遵守 GB 2760—2014 中食品添加剂的使用原则及附录 A 中规定的具体使用范围和用量；当其作为食品用香料使用时，应遵守 GB 2760—2014 中附录 B“食品中香料使用规定”等。另外，不管其作为普通食品添加剂还是香料使用，均应符合相应的产品质量规格要求。

（六）附录C相关问题

1. GB 2760—2014中有些物质既是一般的食品添加剂，又是加工助剂，如碳酸钠、氯化钾，在使用时如何进行区别？如何理解加工助剂的“除去”？在终产品制作前已经进行中和反应了，算“除去”吗？在预包装食品标签上应如何进行标识？

GB 2760—2014中附录A规定的食品添加剂主要在食品中发挥功能作用，附录C规定的加工助剂主要在食品生产加工过程中发挥工艺作用，不在所生产的最终食品中发挥功能作用。当一种物质既在附录A又在附录C时，应根据所发挥的功能作用，按照相应的规定使用。加工助剂的“除去”可以有多种方式，应根据加工助剂的使用原则进行判定。作为附录A中的食品添加剂使用时，需要在预包装食品的标签上进行标示；若作为加工助剂使用，则不需要标示。

2. GB 2760—2014表C.2中聚二甲基硅氧烷乳液的使用量如何计算？

GB 2760—2014表C.2中聚二甲基硅氧烷乳液是以食品添加剂聚二甲基硅氧烷为原料，加去离子水、辅料，经乳化加工而成的产品，其在食品中的使用量应按照乳液产品中聚二甲基硅氧烷的含量进行折算。

3. 蛋清粉作为澄清剂在葡萄酒生产中使用是否属于食品添加剂管理范畴？

蛋清粉作为澄清剂在葡萄酒生产中使用发挥了食品工业用加工助剂的功能，但是鉴于其为常用的食品原料，建议蛋清粉不按照食品添加剂进行管理。

二、食品添加剂质量规格标准相关问题

1. 在食品添加剂产品中可以使用食品添加剂或食品原料作为辅料吗？食品添加剂制剂应执行什么标准？

为了食品添加剂本身的储运、标准化等目的，可以在食品添加剂中添加少量GB 2760—2014中允许使用的食品添加剂和/或食品原料作为辅料，这些辅料不应在最终食品中发挥功能作用。

在部分食品添加剂产品质量规格标准中规定了商品化食品添加剂的要求，这些食品添加剂可以按照标准要求生产其制剂产品。如根据 GB 1886.60—2015《食品安全国家标准　食品添加剂　姜黄》的规定，商品化的姜黄产品（姜黄制剂产品）应以符合该标准的姜黄为原料，可添加糊精、食用乙醇和 / 或符合食品添加剂质量规格要求的乳化剂、增稠剂等。

2. 必须使用食品级原料生产 GB 2760—2014 中规定的食品添加剂吗？

凡食品添加剂产品标准中对原料级别做出规定的，食品添加剂生产企业必须使用相应级别或质量更高的原料；对原料级别未做具体规定的，食品添加剂生产企业可自行选择原料级别，食品添加剂生产工艺和产品应当符合食品安全国家标准［具体见《卫生部办公厅关于食品添加剂使用原料级别问题的复函》（卫办监督函〔2011〕321 号）］。

3. 制糖工业中所用氧化钙和二氧化碳是否属于 GB 30614—2014 和 GB 1886.228—2016 的管理范围？

制糖工业中所用的氧化钙和二氧化碳是利用石灰窑产生的，是自产自用，不作为产品对外销售，且 GB 30614《食品安全国家标准　食品添加剂　氧化钙》和 GB 1886.228《食品安全国家标准　食品添加剂　二氧化碳》制定过程中未涵盖制糖行业所用产品。因此，建议制糖行业自产自用的氧化钙和二氧化碳不适用 GB 30614—2014 和 GB 1886.228—2016，由行业协会尽快协调有关部门制定制糖行业相关管理规定，以加强制糖行业自产自用氧化钙和二氧化碳的管理，保障食品安全。

4. GB 1886.48—2015 的适用范围是什么？

GB 1886.48—2015《食品安全国家标准　食品添加剂　玫瑰油》适用于用水蒸气蒸馏法从中国苦水玫瑰（*Rosa sertata* × *Rosa rugosa*）的花和花蕾中提取的食品添加剂玫瑰油。

三、食品用香精香料标准相关问题

1. 对已有相应质量规格标准的食品用香料，如二氢香豆素已有质量规格标准 GB 28363—2012，应按照原有标准执行还是按照 GB 29938—2020 执行？

GB 29938—2020《食品安全国家标准　食品用香料通则》中第 1 章“范围”对此已有明确规定，GB 29938 适用于 GB 2760 中允许使用且无单独质量规格标准或相关公告规格的食品用香料。因此，二氢香豆素应执行 GB 28363—2012《食品安全国家标准　食品添加剂　二氢香豆素》。

2. 对于尚无食品安全国家标准的食品用香料，可否按照 GB 29938—2020 执行？

对于尚无食品安全国家标准的食品用香料，可按照 GB 29938—2020 执行。

四、GB 26687—2011《食品安全国家标准　复配食品添加剂通则》相关问题

1. 复合膨松剂是否应执行 GB 26687—2011 ？

GB 26687—2011 规定了复配食品添加剂的命名原则、基本要求、感官要求、有害物质控制等内容，是对所有类型复配食品添加剂的基本要求。GB 1886.245—2016《食品安全国家标准　食品添加剂　复配膨松剂》是专门针对复合膨松剂类的产品制定的标准，其产品要求除满足 GB 26687—2010 基本要求外，还规定了二氧化碳气体发生量、加热减量、硝酸不溶物等指标，该标准对复合膨松剂类产品更具有适用性和针对性，更有利于满足监管的需求，因此，食品添加剂复合膨松剂产品应执行 GB 1886.245—2016 的规定。

2. 食品工业用加工助剂可以与其他食品添加剂复配生产复配食品添加剂吗？

根据 GB 2760—2014 相关规定，食品工业用加工助剂只适用于食品生产加工过程，不适用于食品添加剂的生产加工过程。加工助剂可以与其他食品添加剂经物理方法混

合生产复配食品添加剂，但加工助剂的使用应符合其使用原则，生产的复配食品添加剂应符合 GB 26687—2011 规定。

五、GB 29924—2013《食品安全国家标准　食品添加剂标识通则》相关问题

1. 什么情形属于“提供给生产经营者的食品添加剂”？

“提供给生产经营者的食品添加剂”是指食品添加剂生产者直接或通过食品添加剂经营者提供给食品生产者、食品添加剂生产者的食品添加剂，属于此类的进口食品添加剂也应按照此规定执行。

2. 什么情形属于“提供给消费者直接使用的食品添加剂”？

“提供给消费者直接使用的食品添加剂”是指生产者直接或通过食品添加剂经营者提供给消费者、餐饮业直接使用的食品添加剂，属于此类的进口食品添加剂也应按照此规定执行。既属于“提供给消费者直接使用的食品添加剂”又属于“提供给生产经营者的食品添加剂”，应按照“提供给消费者直接使用的食品添加剂”的要求进行标识。

3. 为食品添加剂在储藏运输过程中提供保护的储运包装标签的标识是否应遵循 GB 29924—2013 的规定？

GB 29924—2013 不适用于为食品添加剂在储藏运输过程中提供保护的储运包装标签的标识，如何标识由企业根据其他相关法律法规标准和实际情况自主决定。

4. 食品添加剂产品的标签上，食品用香精中加入的所有食品添加剂都需标识吗？还是仅甜味剂、着色剂、咖啡因需标识？

根据 GB 29924—2013 的规定，在食品用香精制造或加工过程中，作为食品用香精辅料加入的食品添加剂（具体名单见 GB 30616—2020《食品安全国家标准　食品用香精》中附录 B），不需要标示具体名称，用“食品用香精辅料”字样标示。加入的甜味剂、着色剂、咖啡因等食品添加剂需要标示具体名称。

5. 在食品添加剂产品标签上，食品添加剂的名称如何标识？

食品添加剂标签首先应该在醒目位置标示“食品添加剂”字样，单一品种食品添加剂应按 GB 2760—2014、食品添加剂的产品质量规格标准或国家主管部门批准使用的食品添加剂相关公告中规定的名称标示食品添加剂的中文名称。若上述名称有多个时，可选择其中的任意一个。若上述名称为一类食品添加剂名称时，如“单，双甘油脂肪酸酯（油酸、亚油酸、亚麻酸、棕榈酸、山嵛酸、硬脂酸、月桂酸）”，可以根据实际情况标示为“单，双甘油脂肪酸酯”“单，双硬脂酸甘油酯”或“单硬脂酸甘油酯”等。复配食品添加剂的名称应符合 GB 26687—2011 中第 3 章“命名原则”的规定。

在食品用香精的标签上如果已经标示了“食品用香精”的字样，可不标示“食品添加剂”字样。

6. GB 29924—2013 中，4.1.2～4.1.5 与 4.1.6 是什么关系？

4.1.2～4.1.5 的内容为强制标识的内容，4.1.6 的内容为选择标识的内容，要求 4.1.6 标识的内容与 4.1.2～4.1.5 标识的内容应在同一展示版面标识，且字号不能大于 4.1.2～4.1.5 规定的名称的字样。

7. 复配食品添加剂产品的标签，应如何进行标识？

GB 29924—2013 涵盖了关于复配食品添加剂的标签、说明书标识要求。复配食品添加剂标签、说明书标识要求按照本标准执行。

8. 不含辅料的单一品种及复配食品添加剂成分或配料表如何标示？

不含辅料的单一品种及复配食品添加剂成分或配料按 GB 2760—2014、食品添加剂的产品质量规格标准或国家主管部门批准使用的食品添加剂相关公告中规定的名称标示。

9. 含辅料的食品添加剂成分或配料表如何标示？配料名称的分隔方式是什么？

辅料是指为食品添加剂的加工、储存、溶解、分散、防腐、抗氧化、乳化等工艺目的而添加的食品原料和食品添加剂。含辅料的单一品种或复配食品添加剂，成分或配料表应首先按照含量递减顺序逐一标示在最终食品中具有功能作用的各单一品种食品添加剂的名称，之后再按照含量递减顺序逐一标示辅料的名称。含辅料的单一品种，如果辅料中含有食品添加剂，作为辅料的食品添加剂在标识上应有明显区分。

10. 食品用香精的名称和型号有何规定？

食品用香精应使用不使用户误解或混淆的且与所标示产品的香气、香味、生产工艺等相适应的名称和型号。当产品难以用香气、香味等进行描述时，可以只用型号命名（型号是指供需双方书面约定的唯一代表该产品的代号）。对有协议规范且不在市场上销售的产品，可以按用户需求标示。

11. 食品添加剂的使用范围和用量如何标示？关于使用范围、用量是否可标示“使用范围、使用量按 GB 2760—2014 限量使用”？

食品添加剂的标签或说明书标识应尽可能标示 GB 2760—2014 或国家主管部门批准使用的某种食品添加剂相关公告中所有的使用范围和用量，对于使用范围广的食品添加剂，由于标签或说明书面积有限无法标示所有的使用范围和用量的，可在 GB 2760—2014 或国家主管部门批准的使用范围和用量中，选择部分进行标示，还可加注“其余使用范围和用量按 GB 2760—2014 相关规定或国家主管部门批准的公告执行”。用量可以标示最大使用量或小于最大使用量的推荐使用量。

例 1：由丙二醇和丙二醇脂肪酸酯组成的复配乳化剂，共同的使用范围为“07.02 糕点”，最大使用量均为 3.0 g/kg，可以标示为：

“使用范围：糕点

用量：3.0 g/kg 或小于 3.0 g/kg 的推荐使用量”

例 2：由单，双甘油脂肪酸酯、柠檬酸脂肪酸甘油酯、柠檬酸钠、卡拉胶、瓜尔胶组成的复配乳化增稠剂，因为单，双甘油脂肪酸酯、柠檬酸脂肪酸甘油酯、柠檬酸钠、卡拉胶、瓜尔胶均在 GB 2760—2014 表 A.2“可在各类食品中按生产需要适量使用的食品添加剂名单”中，使用范围非常广，而标签面积有限无法标示所有的共同使用范围，因此可选择标示其中部分共同的使用范围，还可加注“其余使用范围和用量按 GB 2760—2014 相关规定和国家主管部门批准的公告执行”，标示示例如下：

“使用范围和用量：

冷冻饮品　　　　按照生产需要适量使用

风味发酵乳　　　按照生产需要适量使用

焙烤食品　　　　按照生产需要适量使用

注：其余使用范围和用量按 GB 2760—2014 相关规定和国家主管部门批准的公告执行。”

（说明：本问答中的示例仅为说明标示方法，不代表真实产品的存在）

12. 食品添加剂产品的标签上，生产日期的标示能否参照 GB 7718—2011《食品安全国家标准　预包装食品标签通则》中附录 C 部分内容执行？

日期的标示可以参照 GB 7718—2011 中附录 C 部分内容执行。

六、GB 14880—2012《食品安全国家标准　食品营养强化剂使用标准》相关问题

（一）附录相关问题

1. 表 B.1 中营养强化剂铁的化合物来源有富马酸亚铁和延胡索酸亚铁，这两种物质是否为同一物质？锰的化合物来源硫酸锰，是否包括硫酸锰一水合物？

富马酸亚铁和延胡索酸亚铁为同一物质，只是标准修订过程中考虑以往审批和批准发布情况，并结合行业生产、标示情况等综合考虑，两个名称均予以保留，在今后标准修订中将予以统一；锰的化合物来源硫酸锰包括硫酸锰一水合物，具体可参见 GB 29208—2012《食品安全国家标准　食品添加剂　硫酸锰》。

2. 附录 C 规定了用于特殊膳食用食品的强化剂和原料。特殊膳食用食品的食用人群往往身体条件特殊，这些强化剂的来源是否适合目标人群？如婴幼儿谷类辅助食品可以强化二十二碳六烯酸油脂（DHA），DHA 的来源包括金枪鱼油。鱼油中往往含有二十碳五烯酸（EPA），且 EPA 含量可能会高于 DHA。

标准附录中的营养强化剂及其来源都经过了安全性及营养性的科学评估。这些营养强化剂的来源、使用量和使用范围应严格遵照本标准并应执行相应的质量规格标准

要求。在特殊膳食用食品中使用DHA，其质量规格应符合GB 1903.26—2022《食品安全国家标准　食品营养强化剂　二十二碳六烯酸油脂（金枪鱼油）》的规定。

（二）食品分类相关问题

1. GB 2760—2014和GB 14880—2012分别对食品分类做了规定，当食品类别划分存在差异时如何处理？

GB 2760—2014和GB 14880—2012分别有相应的食品分类系统及食品类别（名称）说明，用于界定食品添加剂及食品营养强化剂的适用范围，适用于各自标准。对于部分既属于食品营养强化剂又属于食品添加剂的物质，如果以营养强化为目的，其使用应符合GB 14880—2012的规定；如果作为食品添加剂使用，则应符合GB 2760—2014的要求。

2. 对于在分类上存在交叉的豆奶、豆奶粉，如何选择其允许使用的营养强化剂？

对于某些在分类上存在交叉的产品类别，生产单位可按照在食品标签上标示的产品类别来选择使用该类别允许使用的营养强化剂。如豆奶中营养强化剂的使用品种和使用量可参照“04.04.01.08 豆浆”执行，豆奶粉中营养强化剂的使用品种和使用量可参照“04.04.01.07 豆粉、豆浆粉”执行。

（三）其他问题

1. 不同来源的营养强化剂应该怎样判定？比如蔗糖来源的低聚果糖和菊苣等来源的低聚果糖，在检验上如何区别？

GB 1903.40—2022《食品安全国家标准　食品营养强化剂　低聚果糖》中规定“食品营养强化剂低聚果糖是以菊苣（或菊芋）为原料，经部分酶水解或膜分离、提纯、干燥等工艺制得的蔗果三糖（GF_2）至蔗果八糖（GF_7）以及果果二糖（F_2）至果果八糖（F_8）的混合物，或以蔗糖为原料经来源于黑曲霉或米曲霉的β-果糖基转移酶作用，经提纯、干燥等工艺制得的蔗果三糖（GF_2）至蔗果六糖（GF_5）的混合物”。对于产品本身来说，不同来源的低聚果糖在微观结构上有些区别。对于使用企业来说，可根据自身需要，选择一种来源，也可同时选择多种来源的强化剂化合物，比如企业可以同时使用白砂糖来源的低聚果糖和菊苣来源的低聚果糖强化产品中的低聚果糖，其使用量应符合本标准和相应产品标准的规定。此时只要检测产品中的低聚果糖的总含量即可，不需要分开检测不同来源的低聚果糖。对于终产品中低聚果糖的测定，可结合相应检验方法标准中的具体要求执行。

2. GB 14880—2012 表 C.2 中注释“使用量仅限于粉状产品，在液态产品中使用需按相应的稀释倍数折算”，GB 14880—1994 及一些扩大使用量公告中也有按稀释倍数折算的规定，但在 GB 14880—2012 表 A.1 中则没有这样的注释，为什么？

GB 14880—2012 表 C.2 中批准的食品均为婴幼儿食品，目前市场上该类食品大部分是粉状产品，极少部分是液态产品。鉴于该类产品适用人群的特殊性，营养素的含量和密度是通过相关标准（如 GB 10765—2021）进行严格控制的，因此，不论稀释与否，婴幼儿摄入营养素的量是特定的，此处便增加了这样的注释。对于其他食品，人群范畴不特定，食品品类繁多，稀释倍数的折算一般不适用。

3. 营养强化剂牛磺酸是否可用于儿童用调制乳？

《关于批准焦磷酸一氢三钠等 5 种食品添加剂新品种的公告》（卫生部 2012 年第 15 号）和 GB 14880—2012 规定，牛磺酸可作为营养强化剂用于调制乳及调制乳粉，因此可用于儿童用调制乳。

4. GB 14880—2012 中规定的营养强化剂化合物的量，是添加量还是终产品里的含量？如果食品本身含有一定的营养素本底值，再添加营养强化剂，是否会造成营养素摄入过量？

GB 14880—2012 规定的营养强化剂的使用量，指的是在生产过程中允许的实际添加量，该使用量是考虑所强化食品中营养素的本底含量、人群营养状况及食物消费情况等因素，根据风险评估的基本原则而综合确定的。

鉴于不同食品原料本底所含的各种营养素含量差异性较大，而且不同营养素在产品生产和货架期的衰减和损失也不尽相同，所以，强化的营养素在终产品中的实际含量可能高于或低于 GB 14880—2012 规定的该营养强化剂的使用量。

为保证居民均衡的营养素摄入，方便营养调查，有效预防营养素摄入不足和过量，GB 28050—2011《预包装食品营养标签通则》特别规定，使用了营养强化剂的预包装食品，在营养成分表中还应标示强化后食品中该营养成分的含量值及其占营养素参考值（NRV）的百分比。因此，GB 28050—2011 与 GB 14880—2012 配合使用，既有利于营养成分的合理强化，又保证了终产品中营养素含量的真实信息和消费者的知情权。

GB 14880 在评估和批准营养强化剂的使用范围和使用量时，已充分考虑该营养素在特定食品中的本底含量及特定人群的营养需要，同时结合我国居民膳食营养素参考摄入量（DRIs），以确保强化后的食品在提高食品中营养素含量的同时不会造成营养素摄入过量。

5. 对于终产品中营养素检出含量和标示不一致的判定是什么？

GB 14880—2012 中附录 A 规定了营养强化剂的使用量，该使用量是指在生产过程中允许的实际添加量。鉴于不同食品原料本底中含有的各种营养素含量差异较大，而且不同营养素在产品生产和货架期的衰减和损失也不尽相同，所以，强化后的营养素在终产品中的实际含量很可能高于或低于本标准规定的使用量。GB 28050—2011 中特别规定，使用了营养强化剂的预包装食品，在营养成分表中还应标示强化后食品中该营养成分的含量值及其占营养素参考值（NRV）的百分比。因此，在预包装食品中，营养强化剂在终产品中的实际含量应如实标示在营养成分表中。

6. β- 胡萝卜素为 GB 14880—2012 表 C.1 中允许使用的营养强化剂化合物来源，但在 GB 10765—2021 中未规定明确含量，那么 β- 胡萝卜素是否可以在婴幼儿食品中使用？

根据 GB 14880—2012 中表 C.1 的规定，β- 胡萝卜素可以在特殊膳食用食品包括婴儿配方食品中使用。但根据 GB 10765—2021 的规定，在计算和声称维生素 A 的活性时不包括 β- 胡萝卜素。

7. 碘盐和海藻碘分别执行哪个标准？

GB 14880—2012 前言中明确指出，保健食品中营养强化剂的使用和食用盐中碘的使用，按相关国家标准或法规管理。食用盐中碘的使用，应按照 GB 26878—2011《食品安全国家标准　食用盐碘含量》及有关法规或条例执行，其中，海藻碘的质量规格应符合 GB 1903.39—2018《食品安全国家标准　食品营养强化剂　海藻碘》的要求。

8. 巧克力制品中含有“维生素 E”，应如何标示?

维生素 E 是人体一种必需维生素，在许多食物中天然存在。同时，维生素 E 也可以作为食品添加剂（抗氧化剂）和营养强化剂使用，按照 GB 2760—2014 和 GB 14880—2012 中规定的使用范围、使用量加入相应的食品中，以保证食品品质或改善营养质量。根据 GB 7718—2011 的要求，“加入量小于食品总量 25% 的复合配料中含有的食品添加剂，若符合 GB 2760—2014 规定的带入原则且在最终产品中不起工艺作用的，不需要标示”。食品企业可根据相关标准要求，按照实际功能对“维生素 E”进行标示。

9. 不同来源的低聚果糖是否可以用于婴幼儿及其他食品中?

不同来源低聚果糖能否用于婴幼儿及其他食品应按照 GB 14880—2012、国家卫生健康委公告和有关规定的要求执行。

10. 食品营养强化剂氯化钠规格执行什么标准?

钠是婴幼儿必需的营养素之一，婴幼儿配方食品系列标准均对其限量做出了相应规定，同时 GB 14880—2012 规定钠的化合物来源包括氯化钠。目前我国尚未发布食品营养强化剂氯化钠的质量规格标准，建议在相关标准发布之前，生产企业可参考《中华人民共和国药典》中氯化钠的相应规格执行。

11. 怀孕及哺乳妈妈专用调制乳粉中能否添加花生四烯酸油脂?

根据 GB 14880—2012 规定，花生四烯酸油脂可作为食品营养强化剂用于调制乳粉（仅限儿童用乳粉）、婴幼儿谷类辅助食品等，其使用量应符合相应标准的要求。《关于批准 DHA 藻油、棉籽低聚糖等 7 种物品为新资源食品及其他相关规定的公告》（卫生部 2010 年第 3 号）也规定，花生四烯酸油脂可作为新食品原料使用（在婴幼儿食品中使用应符合相关标准的要求）。

12. 强化了氧化锌、盐酸硫胺素、核黄素的小麦粉能否作为食品配料?

根据 GB 14880—2012 的规定，氧化锌、盐酸硫胺素、核黄素可分别作为锌、维生素 B_1、维生素 B_2 的化合物来源用于“06.03 小麦粉及其制品”中。使用添加了上述营养强化剂的小麦粉作为食品配料，应符合相关标准要求，营养强化剂的使用不应导致人群营养素摄入过量或不均衡。

食品相关产品标准

1. 什么是食品相关产品?

根据《食品安全法》的规定，食品相关产品是指用于食品的包装材料、容器、洗涤剂、消毒剂和用于食品生产经营的工具、设备。其中，用于食品的包装材料和容器，指包装、盛放食品或者食品添加剂用的纸、竹、木、金属、搪瓷、陶瓷、塑料、橡胶、天然纤维、化学纤维、玻璃等制品和直接接触食品或者食品添加剂的涂料；用于食品的洗涤剂、消毒剂，指直接用于洗涤或者消毒食品、餐具、饮具以及直接接触食品的工具、设备或者食品包装材料和容器的物质，用于食品生产经营的工具、设备，指在食品或者食品添加剂生产、销售、使用过程中直接接触食品或者食品添加剂的机械、管道、传送带、容器、用具、餐具等。

2. 什么是食品接触材料及制品？

根据 GB 4806.1—2016《食品安全国家标准　食品接触材料及制品通用安全要求》的规定，食品接触材料及制品是指“在正常使用条件下，各种已经或预期可能与食品或食品添加剂（以下简称食品）接触、或其成分可能转移到食品中的材料和制品，包括食品生产、加工、包装、运输、储存、销售和使用过程中用于食品的包装材料、容器、工具和设备，及可能直接或间接接触食品的油墨、黏合剂、润滑油等。不包括洗涤剂、消毒剂和公共输水设施”。食品接触材料及制品属于食品相关产品范畴。

3. 食品接触材料及制品应符合哪些食品安全标准？

为控制食品接触材料中物质迁移到食品中而产生安全风险，我国逐步建立了较为完善的食品接触材料标准体系。该标准体系主要由通用标准、产品标准、生产经营规范标准、检验方法与规程标准 4 部分组成，4 类标准涵盖各类食品接触材料及制品，覆盖从原料到终产品的生产链全过程，从不同角度全面控制食品接触材料及制品的安全风险。

其中，通用标准主要包括 GB 4806.1—2016 和 GB 9685—2016《食品安全国家标准　食品接触材料及制品用添加剂使用标准》2 项标准，分别规定了各类食品接触材料及制品均应符合的原则性安全要求及各类材料中添加剂的使用要求。产品标准按照材质类别设置，规定了塑料、橡胶、陶瓷、玻璃、金属等各类基础材料和黏合剂、涂料、油墨等辅助材料需要遵循的食品安全要求，主要规定了理化指标、微生物指标、允许使用的物质名单及其限制性要求，以及通用标准中未涵盖的特殊标签标识和迁移试验要求等。生产经营规范标准为 GB 31603—2015《食品安全国家标准　食品接触材料及制品生产通用卫生规范》，规定了各类食品接触材料及制品生产过程的基本卫生要求和管理准则。检验方法与规程标准包括 GB 31604.1—2015《食品安全国家标准　食品接触材料及制品迁移试验通则》、GB 5009.156—2016《食品安全国家标准　食品接触材料及制品迁移试验预处理方法通则》及 GB 31604.8—2021《食品安全国家标准　食品接触材料及制品　总迁移量的测定》等各项具体限量指标的配套检验方法标准。

食品接触材料及制品使用的添加剂和基础原料应符合 GB 9685—2016 及相应产品标准中允许使用物质名单的要求；产品的生产过程应符合 GB 31603—2015 的规定；所生产的终产品应符合相应产品标准的要求；标签标识及其他原则性安全要求应符合 GB 4806.1—2016 的规定。当需要通过检测核查产品是否符合标准中限量指标要求时则需按照 GB 31604.1—2015、GB 5009.156—2016 以及具体指标配套的检验方法标准进行检验。

4. 食品接触材料及制品允许使用哪些添加剂？

GB 9685—2016 规定了食品接触材料及制品中添加剂的使用原则、允许使用的添加剂品种、使用范围、最大使用量、特定迁移限量或最大残留量、特定迁移总量限量及其他限制性要求。此外，根据《食品安全法》《中华人民共和国行政许可法》的规定，我国国务院卫生行政部门以公告形式公布允许用于食品相关产品生产的新品种，其中包括食品接触材料及制品用添加剂新品种。食品接触材料及制品中添加剂的使用应符合 GB 9685—2016 和相关公告的规定。

除 GB 9685—2016 和相关公告中以名单形式列出的添加剂之外，GB 9685—2016 附录 A 中 A.13 还规定了其他允许用作食品接触材料及制品用添加剂的物质，包括所列出物质的混合物、GB 2760—2014 附录 A 表 A.2 中的物质等，该类物质的使用也应符合 GB 9685—2016 的规定。

此外，根据 GB 4806.1—2016 的规定，有效阻隔层外侧的食品接触材料及制品可使用未列入相应食品安全国家标准或公告的添加剂类物质（非致癌、致畸、致突变物质或纳米物质）。食品接触材料及制品生产企业应对该类物质进行安全性评估和控制，使其特定迁移量不超过 0.01 mg/kg，并保证终产品符合在推荐的使用条件下与食品接触时，迁移到食品中的物质水平不会危害人体健康，不会造成食品成分、结构或色香味等性质的改变，不会对食品产生技术功能。

5. 食品接触材料及制品生产过程中用的加工助剂属于 GB 9685—2016 的管理范围吗？

根据 GB 9685—2016 中“食品接触材料及制品用添加剂”的定义，在食品接触材料及制品生产过程中所添加的为促进生产过程的顺利进行，而不是为了改善终产品品质特性的加工助剂也属于食品接触材料及制品用添加剂的范畴，即加工助剂属于 GB 9685—2016 的管理范围。

6. 对于竹木等未在 GB 9685—2016 附录 A 中列出允许使用添加剂名单的食品接触材料，其添加剂应如何使用？

根据 GB 9685—2016 附录 A 中 A.13 的规定，在不对食品本身产生技术功能的情况下，在 GB 2760—2014 附录 A 表 A.2 中列出的物质也允许用作食品接触材料及制品用添加剂，包括竹木等未在 GB 9685—2016 附录 A 中以表格形式列出允许使用添加剂名单的食品接触材料。相应添加剂的使用原则、使用规定等要求应符合 GB 9685—

2016 的要求。

此外，拟用于该类食品接触材料中的添加剂新品种应通过食品相关产品新品种行政许可程序进行申报。相关物质经国务院卫生行政部门公告批准后也可用于该类材料的生产。

7. 未列入食品安全国家标准或相关公告的食品相关产品新品种应如何申请用于食品相关产品的生产？

未列入食品安全国家标准或相关公告的食品相关产品新品种应按照《食品相关产品新品种行政许可管理规定》《食品相关产品新品种申报与受理规定》的要求，在国家卫生健康委政务大厅提交相关资料进行申报。国家卫生健康委按照相关程序审查后将以公告形式发布批准使用的食品相关产品新品种。公告发布后，相关新品种即可用于食品相关产品的生产，其使用应符合公告中的相应要求。

8. 不与食品直接接触的材料及制品是否可以使用未列入相应食品安全国家标准或相关公告的物质？

GB 4806.1—2016 规定，食品接触材料及制品是指各种已经或预期可能与食品或食品添加剂接触，或其成分可能转移到食品中的材料和制品。因此，一般来说，对于不和食品直接接触的材料和制品，如其成分可能转移到食品中，则其也属于标准管理范围。其添加剂的使用应符合 GB 9685—2016 或相关公告的要求，树脂 / 基础原料的使用应符合相应材质的食品安全国家标准或相关公告的要求。

然而，根据 GB 4806.1—2016 的规定，未列入相应食品安全国家标准或相关公告的物质（非致癌、致畸、致突变物质或纳米物质）可用于有效阻隔层外侧的食品接触材料及制品的生产。食品接触材料及制品生产企业应对该类物质进行安全性评估和控制，使其特定迁移量不超过 0.01 mg/kg，并保证终产品符合在推荐的使用条件下与食品接触时，迁移到食品中的物质水平不会危害人体健康，不会造成食品成分、结构或色香味等性质的改变，不会对食品产生技术功能。

9. 食品接触材料及制品的迁移试验应按照哪些标准的要求开展？

食品接触材料及制品应按照 GB 31604.1—2023 的要求，根据待测样品的预期使用情形确定迁移试验方案，包括食品模拟物、迁移试验条件、迁移试验次数、结果校正、结果选择等内容。按照 GB 5009.156—2016 的规定开展试剂和材料准备、设备与器具配置、采样、样品制备、表面积测量以及浸泡方法选择等预处理工作。

由于纸和纸板、橡胶、金属、玻璃、陶瓷、搪瓷等材质的特殊性，其产品标准规定了不同于上述 2 项标准的特殊要求，对于有迁移试验特殊要求的材质，其迁移试验应按照产品标准中的特殊要求执行。

10. GB 31604.1—2023 的主要内容有哪些？

GB 31604.1—2023《食品安全国家标准　食品接触材料及制品迁移试验通则》是对 GB 31604.1—2015《食品安全国家标准　食品接触材料及制品迁移试验通则》的修订，规定了各类食品接触材料及制品迁移试验的通用要求。主要修订内容包括以下几个方面。

（1）增加了多材质食品接触材料迁移试验要求。明确了对复合材料及制品终产品、涂层制品终产品整体或各材质分别进行迁移试验时，食品模拟物和迁移试验条件的选择原则。

（2）优化了食品模拟物的选择原则。细化了食品类别，增加了干性食品和食品类别解释；调整了食品模拟物选择顺序的表述，明确了应首先按照 GB 31604.1—2023 附录 A 的规定选择食品模拟物；增加了干性食品模拟物的选择原则；调整了接触多种食品类别的食品模拟物的选择原则。

（3）优化了迁移试验条件选择原则。GB 31604.1—2023 表 3 中增加了 5 min 以内的迁移试验时间选项；针对微波炉加热食品接触材料及制品增加了含乙醇食品模拟物的特定迁移试验条件。总迁移试验条件部分，增加了室温及以下温度短期接触的使用条件；明确了各预期使用条件的表述；明确了连续经历两个或多使用条件时，总迁移试验也要按照实际使用情况顺次选择相应的条件。

（4）完善了迁移试验结果校正要求。细化了原标准关于迁移试验结果校正部分的内容，将原标准分散在各个条款中的关于结果校正的规定统一到一个章条中。细化了面积体积比（*S/V*）的选择原则。

（5）增加了迁移试验结果选择要求。进一步完善了对于重复使用制品的结果判定原则，同时增加了筛查结果和替代试验结果的使用原则。

（6）调整了 GB 31604.1—2023 附录 A。在重点研究表 A.1 中规定的具体食品类别模拟物适用性及含油脂食品模拟物校正因子准确性的基础上，参考我国用于食品安全标准的食品分类体系对表 A.1 中的食品类别进行了调整。

11. 化学溶剂替代试验应如何选择化学溶剂种类和替代试验条件？

GB 31604.1—2023 规定，对于油脂类食品可采用 95%（体积分数）乙醇、正己烷、正庚醇、异辛烷等化学溶剂替代含油脂食品模拟物，化学溶剂替代试验应采用最严苛的、有科学依据支持的、能够最真实地反映实际油脂类食品迁移状况的试验条件。具体化学溶剂种类和替代试验条件的选择可参考相关化学溶剂替代试验方法标准或指南，如 GB/T 23296.1—2009《食品接触材料　塑料中受限物质　塑料中物质向食品及食品模拟物特定迁移试验和含量测定方法以及食品模拟物暴露条件选择的指南》等。

12. 对于预包装食品中附赠的食品接触材料及制品应如何标示？

GB 4806.1—2016 对于食品接触材料及制品的标签标识内容、标识位置等要求进行了规定。对于与食品一起销售且与食品配套使用的食品接触材料及制品，如方便面的叉子、液态乳的吸管、奶粉桶里的小勺等，此类产品为预包装食品的一部分，不属于食品接触材料及制品的最小销售包装，故不需要在预包装食品的包装上按照 GB 4806.1—2016 进行标示。但在食品接触材料及制品企业向食品企业供应食品接触材料及制品时，应按照 GB 4806.1—2016 在食品接触材料及制品的最小销售包装或说明书等随附文件中进行标示。

对于与食品一起销售但并非与食品配套使用的食品接触材料及制品，将其视为等同于单独销售的食品接触材料及制品，如咖啡礼盒中的杯子、方便面上捆绑的餐盒等，应按照 GB 4806.1—2016 的要求在食品接触材料及制品的最小销售包装或说明书等随附文件中进行标示。

13. 对于进口食品接触材料及制品，其他国家或地区的标志是否可替代 GB 4806.1—2016 规定的标识内容？

GB 4806.1—2016 规定食品接触材料及制品终产品应注明“食品接触用”“食品包装用”或类似用语，或标注 GB 4806.1—2016 附录 A 中的调羹筷子标志（有明确食品接触用途的产品除外）。进口食品接触材料及制品终产品应根据其产品特点按照以上要求标注相关用语或调羹筷子标志。对属于必须标注用语或标志的产品，其他国家或地区的标志不可替代 GB 4806.1—2016 规定的标识内容。

14. 食品安全国家标准中对于食品接触材料中原料物质的使用限制要求（如接触食品类别、使用温度等）应如何执行？

GB 9685 和 GB 4806 系列食品安全国家标准中规定了食品接触材料中允许使用的添加剂、树脂以及基础原料物质名单及使用要求，并针对部分物质规定了质量规格、接触食品类别、使用温度等限制性要求。其中，质量规格要求仅针对物质本身，只有符合相应质量规格要求的物质才可用于食品接触材料的生产。接触食品类别和使用温度等限制要求则针对食品接触材料及制品终产品，即使用该物质生产的可用于接触食品的终产品应符合相应的限制性要求。

对于同时使用了多种有使用限制要求的物质生产的食品接触材料及制品终产品，其使用限制要求应为所有物质相关限制使用要求的合集。食品接触材料及制品终产品应同时符合食品直接接触层和间接接触层所用物质的使用温度限制要求和食品直接接触层所用物质的接触食品类别限制要求。

15. GB 4806.7—2023 的修订背景是什么？

GB 4806.7—2023《食品安全国家标准　食品接触用塑料材料及制品》是对 GB 4806.6—2016《食品安全国家标准　食品接触用塑料树脂》和 GB 4806.7—2016《食品安全国家标准　食品接触用塑料材料及制品》的整合修订。

16. GB 4806.7—2023 对淀粉基塑料材料及制品有何特殊规定？

GB 4806.7—2023 纳入了食品接触用淀粉基塑料材料及制品的相关安全要求。标准针对此类材料规定了所用淀粉的种类及质量规格要求；考虑对淀粉含量较高的塑料材料及制品，其总迁移量和高锰酸钾消耗量的检测值主要受其中淀粉成分的影响，因此，针对淀粉含量≥40%的产品规定了总迁移量和高锰酸钾消耗量的特殊要求。

17. GB 4806.7—2023对于植物纤维填料是如何管理的？

GB 4806.7—2023明确了植物纤维填料的管理原则。植物纤维填料属于食品接触材料及制品用添加剂，应符合GB 9685—2016的要求。

18. 塑料材料及制品的通用理化标准相比于GB 4806.7—2016有何变化？

为了管控塑料材料及制品中的芳香族伯胺迁移到食品中带来的风险，GB 4806.7—2023增加了芳香族伯胺的限量。芳香族伯胺是一类含芳香性取代基的胺类物质，可能来源于食品接触材料中所用聚合物单体或其他起始物、芳香族异氰酸酯和偶氮类着色剂的次级反应产物等。除了来源于塑料材料及制品中聚合物单体或其他起始物的芳香族伯胺外，其他来源的芳香族伯胺应符合GB 4806.7—2023表2中“芳香族伯胺迁移总量”的限量要求。对于来源于塑料材料及制品所用聚合物单体或其他起始物的芳香族伯胺，在GB 4806.7—2023附录A、GB 9685—2016及国家卫生健康委公告中已经规定了迁移限量，应按照相关规定执行。

19. 食品接触用塑料材料及制品允许使用的树脂名单相比于GB 4806.6—2016有何变化？

GB 4806.7—2023根据国家卫生健康委公告和风险评估结果完善了塑料树脂名单、限量及使用要求。此外，标准还明确了树脂合成所使用单体或其他起始物为酸、醇或酚类物质的，其钠盐、钾盐和钙盐（包括酸式盐和复盐）的使用原则。

20. GB 4806.11—2023的适用范围有何变化？

GB 4806.11—2016《食品安全国家标准　食品接触用橡胶材料及制品》适用于以天然橡胶、合成橡胶（包括经硫化的热塑性弹性体）和硅橡胶为主要原料制成的食品接触材料及制品。由于硅橡胶与橡胶材料差异较大，GB 4806.11—2023《食品安全国家标准　食品接触用橡胶材料及制品》删除了硅橡胶材料及制品，标准仅适用于橡胶材料及制品；硅橡胶材料及制品将由其他标准另行管理。

21. 橡胶材料及制品的通用理化标准相比于原标准有何变化？

使用了胺类防老剂、次磺酰胺类硫化促进剂和偶氮类着色剂的橡胶类材料及制品在生产过程中可能产生芳香族伯胺类物质，而添加了硫化促进剂的橡胶材料及制品在硫化过程中则可能产生亚硝胺类物质。为控制非有意添加物的安全风险，GB 4806.11—2023 基于风险评估结果增加了芳香族伯胺迁移总量和 N- 亚硝胺、N- 亚硝胺可生成物迁移总量指标，同时，出于并非所有种类的橡胶材料及制品均会产生上述物质的考虑，分别规定了这 2 项指标的适用范围。

22. 橡胶材料及制品的迁移试验要求有何变化？

GB 4806.11—2023 针对橡胶材料及制品的迁移试验要求主要有 2 项修改：一是明确了重复使用的橡胶材料及制品在开展高锰酸钾消耗量测试时试验次数的特别要求；二是修改了油脂类食品模拟物的要求。

23. 允许用于橡胶材料及制品的基础原料名单及使用要求有何变化？

GB 4806.11—2023 根据国家卫生健康委公告和风险评估结果增补完善了橡胶材料及制品允许使用的基础原料名单及使用要求。此外，标准还明确了树脂合成所使用单体或其他起始物为酸、醇或酚类物质的，其钠盐、钾盐和钙盐（包括酸式盐和复盐）的使用原则。

24. GB 4806.14—2023 的适用范围是什么？

GB 4806.14—2023《食品安全国家标准　食品接触材料及制品用油墨》为首次制定的标准，适用于预期印刷在食品接触材料及制品上，直接接触食品或间接接触食品但其成分可能转移到食品中的油墨，也包括与油墨配套使用的光油。

25. GB 4806.14—2023 中为什么要对油墨产品进行分类管理？

GB 4806.14—2023 将油墨分为直接接触食品用油墨和间接接触食品用油墨。间接接触食品用油墨预期不与食品直接接触，其与食品间通常有一层或多层材料阻隔；而直接接触食品用油墨预期与食品直接接触，其中的物质通过迁移或脱落转移到食品中的可能性较高。两者可能引起的食品安全风险有差异，因此，标准分别规定了不同要求。

26. 食品接触材料及制品用油墨可以使用哪些原料？

对于直接接触食品用油墨，其添加剂及基础原料仅允许使用GB 2760—2014及国家卫生健康委公告中批准使用的物质，且其质量规格应符合相关标准的要求。对于间接接触食品用油墨，GB 4806.14—2023对于其所用着色剂进行了特别规定；着色剂之外的其他基础原料应为我国批准用于食品接触材料及制品的基础原料；所用添加剂则应符合GB 9685—2016和国家卫生健康委公告的要求。此外，GB 4806.14—2023还规定直接接触食品用油墨所用添加剂和基础原料也可用于间接接触食品用油墨。原料要求部分厘清了油墨基础原料与添加剂的管理范畴，在保障食品安全的基础上扩充了食品接触用油墨可使用的原料物质名单，解决了行业实际问题。

27. 油墨应符合哪些通用理化指标的要求？

为了管控原料和终产品可能带来的安全风险，GB 4806.11—2023针对印刷前的油墨产品和印刷后的油墨层分别规定了通用理化指标要求。对于食品接触材料及制品用油墨产品，GB 4806.11—2023规定了5种重金属的残留量要求，同时规定了检测方法；对于印刷油墨层，GB 4806.11—2023规定了总迁移量、高锰酸钾消耗量、重金属（以Pb计）和芳香族伯胺迁移总量等限量。

28. GB 4806.9—2023与GB 4806.9—2016相比，有哪些主要变化？

GB 4806.9—2023《食品安全国家标准　食品接触用金属材料及制品》是对GB 4806.9—2016《食品安全国家标准　食品接触用金属材料及制品》的修订。与GB 4806.9—2016相比，GB 4806.9—2023进一步细化了原料要求；基于风险评估结果修订了理化指标，增加了合金元素迁移限量指标；根据迁移试验研究结果修订了迁移试验特殊要求，明确了预期重复使用的金属材料及制品迁移试验次数要求；删除了特殊使用要求，金属材料及制品的具体使用情形（可接触食品类别、使用温度等）应由生产企业根据迁移试验结果进行安全性评估后确定，并对特殊使用要求进行了标示。

29. 金属材料及制品的原料要求有何变化？

GB 4806.9—2023 对于原料要求的变化主要包括以下几个方面。

（1）增加了对金属表面处理过程的原则性要求，重点管控该工艺过程中可能产生的有害物质的安全风险。

（2）增加了金属基材和金属镀层中合金元素和杂质元素要求，从源头杜绝部分风险较高的金属材料用于生产食品接触材料及制品。

（3）删除了关于不锈钢材料体型与用途的规定，企业可根据产品预期用途及安全性评估结果自行选择合适的不锈钢材料，以利于企业自主开发创新。

30. 金属材料及制品的理化指标要求有何变化？

GB 4806.9—2023 根据风险评估结果修改了金属材料及制品理化指标要求，统一规定了各类金属材料及制品中杂质元素和合金元素的迁移量指标。对于成分已知的材料，GB 4806.9—2023 规定可根据材料成分确定待测合金元素种类，无须检测所有规定的合金元素限量指标。

31. 金属材料及制品的迁移试验要求有何变化？

GB 4806.9—2023 统一了各类金属材料及制品食品模拟物和迁移试验条件的选择要求，规定了重复使用的不锈钢和其他材质金属制品的迁移试验次数要求。

32. 多材质的食品接触用复合或组合材料及制品应符合哪些要求？

对于涉及多材质的食品接触用复合或组合材料及制品，首先应界定其所涉及的食品接触材料及制品的范围。例如，对于涉及纸、塑料和黏合剂等材质的纸塑复合食品包装袋，其各层材质中的成分均有可能转移到食品中，则该包装袋所涉及的各类材质均属于食品接触材料及制品的范围；对于涉及金属、硅橡胶、涂层、塑料等材质的电饭煲，其外壳、发热盘、电源开关等零配件中的成分不会转移到食品中，不属于食品接触材料及制品的范围；而内胆、密封圈、蒸气阀门等零配件中的成分可能转移到食品中，其涉及的各类材质均属于食品接触材料及制品的范围。

对于复合或组合材料及制品中的食品接触材料及制品，各类材质应分别符合相应食品安全国家标准的规定。食品接触用复合材料及制品还应符合 GB 4806.13—2023《食品安全国家标准　食品接触用复合材料及制品》的要求。

33. GB 4806.13—2023 的适用范围有何变化?

GB 4806.13—2023 是对 GB 9683—1988《复合食品包装袋卫生标准》的修订。本次修订将标准适用范围扩大到所有食品接触用复合材料及制品。

34. 如何确定复合材料及制品应符合的理化指标?

复合材料及制品产品涉及多种材质，相关材质均有相应的产品标准管理。为保证标准体系协调，GB 4806.13—2023 删除了 GB 9683—1988 中具体理化指标的规定，仅规定原则性要求。复合材料及制品应根据其涉及的具体材质和材料结构确定终产品应符合的通用理化指标和其他理化指标要求。

35. 哪些复合材料及制品应符合微生物限量要求?

GB 4806.13—2023 针对预期与食品直接接触且不经消毒或清洗直接使用的复合材料及制品规定了微生物限量要求，应符合 GB 14934—2016《食品安全国家标准　消毒餐（饮）具》的规定。

36. 复合材料及制品的标签应如何标示?

复合材料及制品的标签标识应符合 GB 4806.1—2016 的规定。按照 GB 4806.13—2023 的要求，食品接触用复合材料及制品还应按照由外层到直接接触食品层的顺序标示，包括黏合剂、涂层和油墨等，并以斜杠（/）隔开。各层材质的标示方式按照相应食品安全国家标准的规定执行。

食品标签标准

一、GB 7718—2011《食品安全国家标准　预包装食品标签通则》相关问题

（一）基本要求相关问题

1. 预包装食品如何界定？

GB 7718—2011 规定，预包装食品是预先定量包装或者制作在包装材料和容器中的食品，包括预先定量包装以及预先定量制作在包装材料和容器中，并且在一定量限范围内具有统一的质量或体积标识的食品。

按照该定义，预包装食品应当同时具有两个基本特征，一是“在一定量限范围内”“预先定量”，二是“包装或者制作在包装材料和容器中”。如对于简易包装茶叶，根据产品销售实际情况判断，该产品已经预先包装完好，且在一定量限范围内具有统一的质量或体积标识，则应按预包装食品管理。

仅靠是否存在包装不能判断一件食品是否为预包装食品。不同于预包装食品，散装食品和现制现售食品在销售场所通常会有现场计量过程。这两类食品通常有保护性包装，目的是避免或减少在储存、运输和销售过程中被污染的可能。散装食品生产经营企业可以“计量”“称重”等字样在包装上明确销售方式，同时也鼓励散装食品生产经营企业尽可能将商品信息在标签上进行标示。

GB 7718—2011 中 3.11 已描述外包装易于开启识别或者透过外包装能识别内包装的相关标示内容，仅靠包装封口与否也不能判断一件食品是否为预包装食品。

2. 什么是非直接提供给消费者的预包装食品？

非直接提供给消费者的预包装食品中的“消费者”是指《中华人民共和国消费者权益保护法》界定的范畴。

非直接提供给消费者的预包装食品是指生产者提供给其他食品生产经营者使用的预包装食品，包括下游生产者和经营者，也包括生产者提供给餐饮业作为原料使用的预包装食品。

3. GB 7718—2011 不适用于储藏运输过程中提供保护的食品储运包装标签，如何确定包装物具体的功能？

储运包装只是便于生产者和销售者储存、搬运用途的包装。储藏运输过程中以提供保护和方便搬运为目的的食品包装是储运包装。包装物可以提供保护商品、提供方便、传递信息、帮助识别等功能，但某包装物的具体功能由企业根据实际需要确定。豁免标示的食品储运包装不应作为食品的销售包装售卖，当食品包装在承担储运包装功能的同时也作为销售单元时，其标签标示应符合 GB 7718—2011 的要求。

4. 除了 GB 7718—2011，标签还需要符合哪些标准要求？

除了 GB 7718—2011 规定的预包装食品标签的通用要求外，预包装食品的营养标签应按照 GB 28050—2011 的要求标示，特殊膳食用食品标签应按照 GB 13432—2013《食品安全国家标准　预包装特殊膳食用食品标签》的要求标示，食品添加剂的标签应按照 GB 29924—2013《食品安全国家标准　食品添加剂标识通则》的要求标示。

此外，食品产品类食品安全国家标准对于食品标签有规定的，相应食品类别的标签应按照相关规定执行，使用新食品原料生产食品的，食品标签标识内容还应符合新食品原料公告中相关标签标示要求。

5. 如何理解“通俗易懂”和“有科学依据”？

这是对食品标签用语、图案等内容的规范性要求。食品标签上的所有说明应使用消费者容易理解的、规范的语言。所有标示内容应客观、有科学依据。“贬低其他食品”是指不得利用标签宣称自己的产品优于其他类别或同类别其他企业的产品。“违背营养科学常识”是指不尊重科学和客观事实，使用以偏概全、以次充好、以局部说明全体、以虚假冒充真实等形式描述某食品，导致消费者误以为该食品的营养性超过其他食品，违背了科学营养常识。

6. 如何理解“真实、准确”“虚假、夸大”“利用字号、色差误导消费者”?

设计、制作食品标签必须实事求是，真实地选用食品名称，真实地标明食品配料、净含量、生产日期、保质期、制作者或经销者的名称和地址等信息，真实地标示营养成分，真实地介绍食品的特性。食品标签已成为食品生产经营者和消费者交流的重要手段，任何虚假或引人误解的介绍，都会使消费者的权益受到损害。要求食品标签真实是为了保护消费者的权益。“虚假”是指设计、制作食品标签不实事求是，在标签上给出了虚假、错误的信息；“夸大”是指故意夸大某项事实或功能；“使消费者误解”是指标签上标示的信息能使消费者产生错误的联想；“欺骗性文字、图形”是指在标签上标示的文字、图形，导致消费者误会食品真实属性。当产品中仅添加了相关风味的香精香料时，不允许在标签上标示该种食品的真实图案。例如，在植物蛋白饮料标签上画一头真实奶牛图片；用水、白砂糖、麦芽糊精、柠檬酸、蜜桃香精、维生素 A 和维生素 C 配制的果味型饮料，未添加任何桃汁或桃的果肉，却命名为“蜜桃汁”；使用苹果香精生产的软糖，未添加任何苹果汁和苹果肉却命名为“苹果软糖”，并在标签上使用真实苹果照片。GB 7718—2011 中 3.4 规定不适用于标签上作为食用方式说明或起装饰作用而使用的图形，如调味品标签上可附加烹调菜谱，菜谱往往会有调味料中所不含的食物原料图案，不属于对消费者的欺骗或误导等。“利用字号、色差误导消费者”往往体现在食品名称的表现形式上，即有意识地把掩盖真实属性的名称标示得大而明显，把真实属性名称标示得很小、与背景色基本一致，甚至真实属性名称远离食品的名称。如“橙汁饮料”“酸牛乳饮料”，其中“橙汁”“酸牛乳”字号明显大于“饮料”字号，且“饮料”的字色与底色相近，消费者很容易误认为这些食品是“橙汁”“酸牛乳”。但因包装工艺，例如采用热收缩膜包装而造成的字符大小略有差异，不属于利用字号大小误导消费者的情形。

7. 如何理解“直接或以暗示性的语言、图形、符号”?

设计、制作标签时要体现直观性，不能使消费者将购买的食品与其他产品混淆。不得直接使用或是将其他产品的名称、设计稍作修改使用，故意误导消费者将某一产品与其他产品混淆。例如，以胡萝卜为原料做成蜜饯食品，命名为“红参脯”，并在标签上画一颗中草药红参。这样的产品名称和图案会使消费者错误地认为该食品的原料是人参。

8. 保健食品是否属于预包装食品？其标签是否需要符合 GB 7718—2011 的规定？如何理解“暗示具有预防、治疗疾病作用的内容和明示或者暗示具有保健作用”？

预包装食品标签上不应出现任何疾病名称或与医药相关的专业词汇和语句，也不得通过任何形式，暗示消费者食品具有预防或治疗疾病的功能。符合 GB 7718—2011 中预包装食品定义的保健食品属于预包装食品，应按照 GB 7718—2011 的相关规定执行。同时，保健食品还应符合相关法律法规的规定。

非保健食品的预包装食品标签上不应包含由保健食品管理部门提出的可以用于保健食品声称的句子或描述保健功能的词语，也不能采用任何文字图形或符号暗示具有保健功能。

9. 如何理解“不应与食品或者其包装物（容器）分离”？

这是要求食品标签的所有内容必须牢固地粘贴、打印、模印或压印在包装物或包装容器上。但附加说明产地特征、产品特点、食用技巧等的，附加在容器瓶等包装物上的吊牌或附属在包装物内的说明物，如葡萄酒的产地吊牌、调味品的使用手册、植物油的推荐用法说明等，不在该约束之内，可根据实际情况与食品或者其包装物分离。

“不应分离”约束的是生产经营者告知消费者的行为，从时间点来说，其终点应在销售行为发生后，消费者（或使用者）打开包装食用（使用）前不可分离。

10. 如何理解“规范汉字”？

预包装食品标签应符合 GB 7718—2011 的规定，其营养标签应符合相关标准及其他有关规定。繁体字属于汉字，但不属于 GB 7718—2011 中规定的规范的汉字。食品标签应使用规范的汉字（商标除外），可以在使用规范的汉字的同时，使用相应的繁体字。

11. 如何理解GB 7718—2011中3.8.2中“所有外文不得大于相应的汉字”？如对外文采用加粗的方式是否违规？

GB 7718—2011中3.8.2是对外文字号的要求，与是否加粗无关。

12. 当标签使用斜体时，如何计算其字符高度？英文字母如何判定字符高度？

当标签使用斜体时，计算字体的垂直高度。判断文字、符号、数字的高度时，原则上，汉字高度以同一字号字体中的上下结构或左右结构的汉字判断为准，不以结构扁平的独体字、包围或半包围结构的汉字判断。数字的字高应大于或等于1.8 mm；字母，kg、mL等单位符号应按大写字母判断，无大写字母时，应按b、d、f、g、h、j、k、l、p、q、y等小写字母判断，如200 mL中的“m”和“L”，以“L”的高度计算。中文大于英文，只是指字的高度，而非字宽。

13. 如何理解GB 7718—2011中3.10中的“不同品种”？一个销售单元的包装中含有不同品种，多个独立包装可单独销售的食品应如何标示？

最小销售单元是指销售时不再拆分的计价单元，可以是一件预包装食品，也可以是几件预包装食品的组合。GB 7718—2011中3.10是对组合装预包装食品的标示要求。“含有不同品种”是指销售单元包含多个独立包装食品时，每个独立包装的内容物不同。

一个销售单元的包装中含有不同品种、多个独立包装可单独销售的食品，外包装（或大包装）上应按照GB 7718—2011的要求标示。如果该销售单元内的多件食品为不同品种时，应在外包装上标示每个品种食品的所有强制标示内容，可将共有信息统一标示。例如，一个生产厂家的不同品种预包装食品的组合，可只需标示一次。当来自不同生产商的单件预包装食品组合包装成一件预包装食品时，应分别如实标示各单件预包装食品的生产商信息，并同时标示该预包装食品形成最终包装时的生产商信息。

如内含的独立包装不可单独销售，可不对独立包装进行分别标示。内含多件散装食品的预包装食品，大包装应按GB 7718—2011规定进行标示，其内的小包装食品是否标示和如何标示可由企业自主决定。

14. 方便面、方便食品等含有多个组件的食品标签应如何标示？

方便面、方便食品等作为预包装食品，其外包装应按照 GB 7718—2011 的要求标示所有强制性内容。包装内有独立包装的配料或组件，若不面向消费者单独销售，不属于 GB 7718—2011 中 3.10 规定的“应当分别标注”的情形，可不在内含组件的独立包装上按照 GB 7718—2011 进行标示。

15. 如何理解“可单独销售”？进口啤酒整箱销售时，箱内每个独立的瓶装啤酒需要有中文标签吗？

“可单独销售”的判定以食品是否实际作为销售单元为准。当某一包装内的独立预包装食品为销售单元时，其标签标示信息应符合 GB 7718—2011 的规定。以进口啤酒为例，若啤酒只以整箱的形式销售，则整箱的标签必须按照 GB 7718—2011 进行标示，其包装内的独立瓶装啤酒可不用印刷或加贴中文标签。若同时也会以单瓶的形式售卖，则每一独立的瓶装啤酒标签也应符合 GB 7718—2011 的要求。

（二）食品名称、配料表相关问题

1. 如何理解“真实属性”和“专用名称”？

预包装食品应标示食品名称，但不是必须标示其食品分类名称。根据 GB 7718—2011 的规定，预包装食品应在食品标签的醒目位置，清晰地标示反映食品真实属性的专用名称。当食品名称容易导致消费者对食品真实属性产生混淆时，应同时标示食品真实属性的专用名称。

“反映食品真实属性的专用名称”是指能够反映食品本身固有的性质、特性、特征的名称，使消费者一看便能联想到食品的本质。预包装食品真实属性的专用名称可以选用相应国家标准、行业标准或地方标准的标准名称以及标准中规定的食品名称。当有多个标准时，可以选用其中一个或与其等效的名称。“行业标准”是指《中华人民共和国标准化法》中规定的行业标准。“等效的名称”是指与国家标准、行业标准或地方标准中已规定名称的同义或本质相同的名称。为了便于消费者理解，标签上的产品名称或配料表中的配料名称，在不产生歧义的条件下，可以采用等效名称。如果一类食品有分类标准或行业约定的分类方式，也可标示食品分类名称。在能够充分说明食品真实属性的前提下，可以不使用分类中更低一级或更详细的名词。如川味香肠和广味香肠采用的是中式香肠标准，“川味香肠”和“广味香肠”已经充分反映了“食品真实属性”，标签无须标注“中式香肠”4个字。国家标准、行业标准和地方标准中规定的名称可以作为预包装食品的食品名称，但食品名称并不是必须采用某个标准中的名称。

例如，某产品的执行标准为黄豆酱，但产品名称想称为豆瓣酱。在我国很多地区，“豆瓣酱”有与“黄豆酱”不同的含义，因此，应选择更能反映食品真实属性的名称作为产品名称，或在“豆瓣酱”附近标示产品的真实属性名称。当通过预包装食品名称本身能够获得该产品的配料信息及真实性属性，且不会使消费者误解时，可以不在食品名称附近标示真实属性的专用名称。

食品标签上反映真实属性的专用名称，通常多于一个字，有时由两个及以上的词语组成。食品名称是一个整体，字体、字号、颜色应从一而终，具有一致性，不能利用字号、字体和颜色不同而突出或弱化食品名称中的某个或某些字或词语。

2. 如何使用“新创名称”“奇特名称”“音译名称”“地区俚语名称”“牌号名称”和“商标名称”？

“新创名称”“奇特名称”是指生产企业针对某产品创造出来的食品名称，如“松露巧克力”等。“音译名称”是指根据外文发音直译的名称，如“芝士”等。“地区俚语名称”是指使用范围极窄的方言名称，其具有地方传统特色并被广泛使用或者在消费者中约定俗成。“牌号名称”和“商标名称”是企业（公司）或经销者已注册或未注册的食品名称。按照GB 7718—2011中4.1.2.2.1规定，当预包装食品名称使用“新创名称”“奇特名称”“音译名称”“牌号名称”“地区俚语名称”或“商标名称”时，应在所示名称的同一展示版面标示反映食品真实属性的专用名称。当使用上述名称且名称中含有易使人误解食品属性的文字或术语（词语）时，才需要在食品名称的同一展示版面邻近部位使用同一字号标示反映食品真实属性的专用名称。“易使人误解食品属性的文字或术语（词语）”是指标签上标示的信息会使消费者产生错误的联想。

如“××王”“××皇”等类似字样可以作为注册商标使用，若出现在食品名称中，应在其附近部位标示能够反映食品真实属性的名称。

3. 团体标准、企业标准的名称可以作为真实属性名称的依据吗？

团体标准、企业标准的名称不直接作为真实属性名称的依据。当团体标准、企业标准的名称符合 GB 7718—2011 中 4.1.2 的规定时，可作为真实属性名称。

4. 如果命名后的产品名称能够反映食品的真实属性，可不重复标识属性名称，这样理解是否正确？

理解正确。比如高钙低脂奶，无须标注高钙低脂奶（调制乳）；添加了榛仁的牛奶巧克力，命名为榛仁巧克力，可不需要重复标示“巧克力制品”。

5. 当产品中未添加某食品配料或成分，仅添加了相关风味的香精香料时，为强调食品的口味，可否在产品名称中使用该配料或成分的名称？

食品名称中提及的配料或成分需在食品中真实存在，如添加了适量的 B 族维生素的饮料，可以使用 B 族维生素饮料作为食品名称。但当产品风味仅来自所使用的食用香精香料时，不应直接使用该配料的名称来命名，如使用草莓香精但不含草莓成分的冰淇淋产品，产品名称不应命名为“草莓冰淇淋”，可命名为“草莓味冰淇淋”。

6. 配料的名称如何标示？食品安全国家标准、推荐性国家标准、行业标准中名称不完全一致时是否必须使用食品安全国家标准中的名称？

配料的名称标示要求与食品名称一致，应标示能够反映配料真实属性的专用名称。食品安全国家标准、推荐性国家标准、行业标准中名称不完全一致时，可选用其中的任一名称或不引起歧义的等效名称进行标示。

7. 产地可否作为配料名称的一部分在配料表中标示？

配料表中应使用能反映配料真实属性的规范的名称，如国家标准或行业标准等标准中规定的名称等。如有证据表明使用的原料来自某一产地时，可以在产品介绍中提及。产品配料名称应与实际情况相符。

8. 如何标示食品中的菌种？

普通食品使用的菌种的标签标示，建议按照《卫生部办公厅关于印发〈可用于食品的菌种名单〉的通知》（卫办监督发〔2010〕65 号）标示具体的菌种名称。

婴幼儿食品使用菌种的标签标示，建议按照《关于公布可用于婴幼儿食品的菌种名单的公告》（卫生部公告 2011 年第 25 号）标示具体的菌株名称。

在食品生产加工过程中自然形成的非人为添加的菌种，不属于食品配料，无须在配料表中标示。

添加菌种的含量标示建议以 10 的 6 次方加单位的方式，即以“$n \times 10^6$ CFU/g”或“$n \times 10^6$ CFU/mL”的形式标示。

2022 年 8 月，国家卫生健康委已发布《关于〈可用于食品的菌种名单〉和〈可用于婴幼儿食品的菌种名单〉更新的公告》（2022 年第 4 号），该公告实施后，应按照相关食品安全国家标准和公告要求进行标示。

9. 预包装食品形式销售的大米，配料表有的标示大米，有的标示稻谷，哪个准确？

按照 GB 7718—2011 对预包装食品标签真实、准确、不误导消费者的标示原则，生产者根据自身生产加工原料的情况进行标示，若直接使用大米为原料，则配料表中应标示大米；若使用稻谷为原料，则配料表中应标示稻谷。类似的情况还有分装芝麻油的企业和以芝麻为原料生产芝麻油的企业。

10. 如何标示复合配料？

复合配料在配料表中的标示分以下 3 种。

（1）在配料表中直接标示复合配料中的各原始配料，各配料的顺序应按其在终产品中的总量决定。

（2）如果直接加入食品中的复合配料已有国家标准、行业标准或地方标准，并且其加入量小于食品总量的 25%，则不需要标示复合配料的原始配料。加入量小于食品总量 25% 的复合配料中含有的食品添加剂，若符合 GB 2760—2014 规定的带入原则且在最终产品中不起工艺作用的，不需要标示，但复合配料中在终产品起工艺作用的食品添加剂应当标示。

（3）如果直接加入食品中的复合配料没有国家标准、行业标准或地方标准，或者该复合配料已有国家标准、行业标准或地方标准且加入量大于食品总量的25%，则应在配料表中标示复合配料的名称，并在其后加括号，按加入量的递减顺序一一标示复合配料的原始配料，其中加入量不超过食品总量2%的配料可以不按递减顺序排列。

例如，根据GB 7718—2011关于配料表标示的相关规定，当露酒（配制酒）所使用的酒基已有国家标准或行业标准，且添加量小于食品总量25%时，在配料表中可以只标示酒基名称，无须另行标示酒基的原料名称。

11. 如何标示多级复合配料？

复合配料展开一层标示即可。复合配料中含有的复合配料，企业可自愿标示。如果复合配料中的复合配料在终产品中的含量超过25%且无国家标准、行业标准或地方标准，建议展开标示该复合配料中的复合配料。

12. 如何标示食品加工过程中使用的水？

在食品制造或加工过程中，加入的水应在配料中标示。如饮料和饮料酒使用水作为配料，需要在配料表中进行标示。在加工过程中已挥发的水或其他挥发性配料不需要标示。如饼干、挂面在制作过程中是用水作为配料，但水在烘烤过程已经挥发，因此不需要在配料清单中标示“水”。各种配料应按加入量的递减顺序依次排列，“加入量的递减顺序”是指应按照食品配料加入的总量的递减顺序一一排列，加入量不超过2%的配料（包括食品添加剂）可以不按递减顺序排列。

13. 符合GB 7718—2011中表1配料类别标示情形时，可以部分归类吗？

为保证食品配料的标示能正确指导消费者和监管部门，避免造成误导，对于符合标示情形的食品配料类别，应统一采取归类标示的形式，或者不采取归类的形式，单独标示每种单一配料。

14. GB 7718—2011表1中归类配料标示的情形是强制性的吗？

表1中规定的配料标示形式，为配料的可选择标示方式，并不是强制性标示内容。当食品配料符合表1规定的“配料类别”情形时，可按照表1中“标示方式”进行归

类标示，也可一一标示添加的每种食品配料的名称。

例如，香辛料、香辛料类或复合香辛料作为食品配料时，如果香辛料或香辛料浸出物（单一的或合计的）加入量不超过 2%，可以在配料表中标示各自的具体名称，也可以在配料表中统一标示为“香辛料”“香辛料类”或“复合香辛料”；如果某种香辛料或香辛料浸出物加入量超过 2%，则应标示其具体名称；复合香辛料添加量超过 2% 时，也应该按复合配料标示方式进行标示。

如果加入的各种果脯或蜜饯的总量不超过 10%，可以在配料表中标示加入的各种蜜饯果脯的具体名称，如“苹果脯”“番茄果脯”等，也可以统一标示为“蜜饯”“果脯”或“凉果”。如果加入的总量超过 10%，则应标示加入的各种蜜饯果脯的具体名称。

15. 如何标示食品标签上的食品添加剂？

预包装食品标签的配料表中的食品添加剂采用统一名称便于交流和管理，因此，GB 7718—2011 规定配料表中应标示食品添加剂的通用名称。按照 GB 7718—2011 规定的真实准确原则，标签上应当确保“用了什么标示什么”，例如 GB 2760—2014 中的防腐剂苯甲酸及其钠盐，在标示时应当根据实际使用情况标示苯甲酸、苯甲酸钠或同时标示两者。

食品添加剂还可以采用其功能类别名称加国际编码（INS 号）的形式进行标示，如果某种食品添加剂尚不存在相应的国际编码，或因致敏物质标示需要，应标示其具体名称。

此外，食品添加剂可以不采用单独立项的方式标示。

16. 如何理解 GB 7718—2011 中 4.1.3.1.4 中的“在最终产品中不起工艺作用”？如何标示符合带入原则的添加剂？

“在最终产品中起功能作用”是指食品添加剂在食品终产品中起到了 GB 2760—2014 中 3.2 规定的作用。“在最终产品中不起工艺作用”就是指在该终产品中含有的某食品添加剂无功能作用。如红烧牛肉罐头的配料中有酱油，由酱油带入的苯甲酸钠在终产品中不起防腐作用，不必在红烧牛肉罐头的配料表中标示。

17. 食品添加剂的制法可以标示吗？如标示了制法是否违反标准规定？

在没有特殊规定的前提下，不需要标示食品添加剂的制法，如果生产者愿意，可以按照 GB 2760—2014 中的规定正确标示食品添加剂的制法。标示制法不违反 GB 7718—2011 的规定。

18. 复配食品添加剂作为配料时应如何标示？

在配料表中标示在终产品中具有功能作用的每种食品添加剂，可以再根据实际添加量分别标示，也可以体现其复配的属性。每种食品添加剂的标示方式均应符合 GB 7718—2011 的要求。

19. 如何标示食品用香料？

使用了食品用香精、食品用香料的产品，可以在配料表中标示该香精、香料的具体名称，也可标示为“食品用香精”“食品用香料”或“食品用香精香料”。食品用香料需列出 GB 2760—2014 或国家主管部门批准使用的食品添加剂中规定的中文名称，可以使用“天然”或“合成”的定性说明。

20. 如何标示致敏物质？

按照 GB 7718—2011 的要求，致敏物质为推荐性标示内容。为保证消费者的食品安全，建议食品生产企业按照该标准 4.4.3 的要求，在食品标签上标示食品中含有或可能通过食品加工带入食品中的致敏物质。

食品致敏物质的标示，目的是让存在食物过敏的消费者在阅读食品标签时，可以直观地看到食品中含有的导致自身食物过敏的物质。致敏物质的推荐标示形式包括两种：一是在配料表中明示，通过使用易辨识的配料名称，同时通过字体加粗、下划线等强调方式，明示致敏物质的存在；二是在配料表附近采用问题提示的形式，明示食物中含有的或可能含有的致敏物质。

除了 GB 7718—2011 中规定的 8 类致敏物质外，食品生产者也可以对其他可能导致食物过敏的配料或成分进行提示。

（三）定量标示相关问题

1. 什么是“特别强调”？如何判断“有价值、有特性”？名称中提及的配料属于特别强调吗？

当强调某种预包装食品“含有”某种配料或成分时，需要进行定量标示，应同时满足以下两个条件。

（1）“特别强调”。即通过对配料或成分的宣传引起消费者对该产品、配料或成分的重视，以文字形式在配料表内容以外的标签上突出或暗示添加或含有一种或多种配料或成分。

（2）“有价值、有特性”。即暗示所强调的配料或成分对人体有益的程度超出该食品一般情况所应当达到的程度，并且配料或成分具有不同于该食品的一般配料或成分的属性，是相对特殊的配料。需要注意的是，“价值”并非指产品的经济价值。

在满足“特别强调”的前提下，只要具备“有价值、有特性”中的一点就应当进行定量标示。

GB 7718—2011 中 4.1.4.1 的重点内容是当食品标签“特别强调添加了……配料或成分”时，“应标示所强调配料或成分的添加量或在成品中的含量”，而该配料或成分“有价值、有特性”是建立在一般认知基础上的常识性判断，在满足“特别强调”的前提下，只要具备其中一点就应当进行定量标示。

根据 GB 7718—2011 中 4.1.4.3 的规定：“食品名称中提及的某种配料或成分而未在标签上特别强调，不需要标示该种配料或成分的添加量或在成品中的含量。”

例 1：方便面名称对内容物口味进行说明时不需要进行定量标示。产品名称为“燕窝饮料”，如标签上未特别强调燕窝的原料价值也未出现与燕窝有关的图片，则不必标示含量，反之则要求标示出具体含量。

例 2：标示“添加草莓原浆”时，应在配料表中标示草莓原浆添加量或含量（含量占配料的质量百分比）。

2. 如何理解标示要求中的“不含”“不添加”？

“不含”一般指对于某种配料或成分在食品中含量的描述，“不添加”一般指食品生产过程中没有使用某种配料或成分的行为的描述。“不添加”不等同于“不含”。使用相关声称时，不应对消费者造成误导。

在确定情况属实的前提下，若涉及“不含”“不添加”声称的物质是某类或某种食品添加剂，且 GB 2760—2014 未批准某种食品添加剂应用于某类食品时，标示“不添加”该种食品添加剂属于误导消费者，若 GB 2760—2014 允许此类食品产品使用该类或该种食品添加剂，则应按照 GB 7718—2011 中 4.1.4 的规定，对所有声称涉及的 GB 2760—2014 允许使用的食品添加剂进行定量标示。

在确定情况属实的前提下，若涉及“不含”“不添加”声称的物质涉及营养物质或营养素，如糖或盐等，还应符合 GB 28050—2011 的相关要求。

（四）净含量相关问题

1. 单件预包装食品需要标示规格吗？

单件预包装食品的“净含量”等同于“规格”，可以只标示“净含量”，也可以同时标示“净含量”和“规格”。

2. 如何理解同一展示版面？不规则形状食品的包装物，同一展示版面应该如何确定？圆柱体的同一展示版面是指展开版面吗？

GB 7718—2011 中 4.1.5.5 规定，净含量应与食品名称标示在同一展示面（版面），以便消费者在看到食品名称的同时即可看到净含量。

不规则形状食品的包装物或包装容器应以呈平面或近似平面的表面为主要展示版面，并以该版面的面积为最大表面面积。如有多个平面或近似平面时，应以其中面积最大的一个作为主要展示版面；如这些平面或近似平面的面积相近时，可自主选择主要展示版面。

3. 固形物含量如何标示？什么情况下需要标示沥干物（固形物）含量？果肉饮料属于固、液两相食品吗？

GB 7718—2011 中 4.1.5.6 要求如实标示沥干物（固形物）含量。有些食品是固、液两相，如“糖水桃罐头”等，当此类食品采用金属罐容器包装时，消费者一般无法看到内容物的真实情况，这就需要在标签上标示沥干物（固形物）的量。标示沥干物（固形物）的量应靠近“净含量”，用质量或质量分数表示。

固、液两相且固相物质为主要食品配料的预包装食品，应在靠近“净含量”的位置以质量或质量分数的形式标示沥干物（固形物）的含量。半固态、悬浮状黏性食品、固液相均为主要食用成分或呈悬浮状、固液混合状等无法清晰区别固液相产品的预包装食品无须标示沥干物（固形物）的含量。预包装食品由于自身的特性，可能在不同的温度或其他条件下呈现固、液不同形态，不属于固、液两相食品，如蜂蜜、食用油等产品。当饮料等食品中添加了果肉等成分，或果汁中含有天然果肉成分，不属于固、液两相食品，无须标示沥干物（固形物）含量。

（五）日期标示相关问题

1. 如何标示生产日期和保质期？

《食品安全法》规定了预包装食品标签应标示“生产日期”，该“生产日期”是指预包装食品形成最终销售单元的日期，既包括传统意义的“制造日期”“灌装日期”，也包括将食品置入最终销售单元的“包装日期”和食品能够进入销售领域的出厂日期。

预包装食品应清晰标示预包装食品的生产日期和保质期，保质期可以标示为固定时间段的形式（如保质期 6 个月），或具体日期的形式（如保质期至 2014 年 11 月 1 日）。

GB 7718—2011 中作为时间度量的年、月、日分别指自然年、自然月、自然日，企业应考虑自然发生的年、月、日时间长度的浮动，并自行决定是否需要调整保质期的标示。

如根据工艺需要经“后熟”等工艺存放后的成品，其生产日期是指食品成为所描述产品的日期。

大包装产品分装后，其生产日期依据其形成最终销售单元的日期标示。进口食品在国内进行分装，属于应形成最终销售单元的操作。根据 GB 7718—2011 中 2.4 的规定，生产日期应标示为在国内分装成为最终销售单元的日期。

2. 含有多个独立包装的食品，外包装标示的保质期可以短于内包装标示的保质期吗?

大包装内含有多个独立包装的食品，外包装上的日期可以选择以下方式之一进行标示：一是生产日期标示最早生产的单件食品的生产日期，保质期按最早到期的单件食品的保质期标示；二是生产日期标示外包装形成销售单元的日期，保质期按最早到期的单件食品的保质期标示；三是在外包装上分别标示各单件食品的生产日期和保质期。

当外包装的保质期按最早到期的单件食品的保质期标示时，应保证标示的保质期不长于最早到期的单件食品的保质期。

3. 如何计算保质期的起点?

按照 GB 7718—2011 的相关规定，食品生产者可以自主决定以具体时间的形式或固定时间段的方式标示保质期，但保质期应与生产日期具有对应关系。可以生产日期为保质期计算起点，或以生产日期第 2 天为保质期计算起点。

4. 如何标示进口食品保质期?

进口的预包装食品，如只标示保质期和最佳食用日期，企业可根据进口预包装食品上标示的保质期和最佳食用日期正确计算出生产日期并标示在产品标签上。保质期取决于预包装食品的生产条件、包装材料、储运过程等多种因素，由企业根据产品特性和自身水平确定，是企业对消费者的保证。但进口食品在国内分装后所形成的最终销售单元的保质期不应超过原进口食品的保质期。

5. 生产日期的标识是否必须有引导语?

生产日期需要使用引导语，引导语与生产日期一起组成日期标识。

当采用“生产日期见 × ×”的标注方式时，应使用能够方便消费者读取、识别的方式在食品包装的具体位置标示生产日期。

6. 日期标示是否可以加贴、加印?

日期标示“不得另外加贴、补印或篡改”，是指不能在完整的标签上另行加贴生产日期和保质期，也不能在原标签上补印日期或任意更改已有的日期。

（六）生产者标示相关问题

依法独立承担法律责任的集团公司、集团公司的子公司，应标示各自的名称和地址，其中“各自”怎么理解？标签上如何标示？采用什么引导词？

预包装食品标签应标示依法独立承担法律责任的生产者，可以是集团公司，也可以是子公司。为明确标示的主体，需要有引导词，引导词应使用GB 7718—2011中4.1.6规定的用语。可以使用生产商、经销商等不易引起误解的用语。在标示生产者、经销者的名称、地址时，可以标示“生产者”“经销者”“生产商”“制造商”等。

“分装”是一种常见的生产形式，包含在4.1.6.2界定的范围内，在标示分装者的名称、地址等信息时，应按要求执行。必要时，除“生产者”“经销者”的信息外，还可标示“分装商”的信息。

（七）进口食品相关问题

1. 如何理解“原产国国名或地区区名”？

GB 7718—2011中4.1.6.3规定的“原产国国名或地区区名”为食品成为最终产品的国家或地区名称，也包括包装地或灌装地，即将食品装入（灌入）包装物或容器中形成最终销售单元的国家或地区名称。进口预包装食品的中文标签应当如实准确标示原产国国名或地区区名。

2. 进口食品的标签原文信息是否需要用中文标签进行覆盖？

进口食品标签原文信息不需要全部覆盖，但展示的原文应符合GB 7718—2011的要求。

（八）执行标准和质量等级相关问题

1. 推荐性标准中的质量等级属于强制性标示内容吗？

如果某产品执行的推荐性国家标准、行业标准中已明确规定质量（品质）等级的，应按照要求标示质量（品质）等级。

2. 执行标准中没有划分质量等级时，可否自行确定并标示质量等级？

质量等级的标示应以执行标准中的规定为依据，避免对质量判定及消费者造成误导。

3. 已发布未实施的标准，是否可以作为产品执行标准？是否可以在标签上标示？

鼓励企业尽快施行已经发布但尚未实施的标准，其是否在标签上标示可由企业自主决定，有文件明确说明的情况除外。

4. 可以同时执行食品安全国家标准、推荐性国家标准或行业标准时，如何标示执行标准？

食品安全国家标准为强制性标准，无论是否标示必须执行。标示哪个标准的标准代号，可以由企业自主决定，但必须保证产品符合标示标准的所有要求。尽量不标示两个或两个以上的标准代号，以免混淆。

5. 执行标准编号需不需要标示年代号？

标示的执行标准编号包括标准代号及顺序号，标示的标准编号默认为现行有效的版本，年代号非强制性标示内容。同时为了避免标准更新造成的食品包装浪费，不建议标示标准年代号。

6. 食品标签上标示的产品执行标准被废止了怎么办？

产品标准代号应标示现行有效的标准，若食品的生产日期在执行标准废止前生产的，可销售至保质期结束，标准废止后生产的食品标签上不应继续标示已废止的标准。

（九）其他问题

1. 作为赠品给消费者的预包装食品，其标签标示是否需要符合 GB 7718—2011 的规定？是否应标示“赠品”“非卖品”字样？

作为赠品给消费者的预包装食品，需要符合 GB 7718—2011 的规定。可以标示“赠品”“非卖品”等类似字样。包装中既有食品又有非食品，应对非食品进行标示，明确其非食用。

2. 是否可以通过扫描二维码等形式展示食品的标签信息？

在食品标签满足 GB 7718—2011 的前提下，鼓励通过扫描二维码等形式展示食品的标签信息。扫描二维码展示的信息，不可替代预包装食品标签标识，同时应符合法律法规和食品安全国家标准的要求。

3. “合格”二字是否为强制性标示内容？

“合格”二字并非强制性标示内容。

二、GB 28050—2011《食品安全国家标准　预包装食品营养标签通则》相关问题

（一）营养成分表标示相关问题

1. GB 28050—2011 表 1 中没有植物甾醇、番茄红素等物质，如何在营养成分表中标示？

根据 GB 28050—2011 规定，营养成分表应以一个“方框表”的形式表示，可在营养成分表中标示的内容包括 GB 28050—2011 表 1 中所列的营养成分、GB 14880—2012 和国家卫生健康委公告中允许强化的除 GB 28050—2011 表 1 中所列以外的其他营养成分。不属于上述内容的，不应标示在营养成分表中。

2. GB 28050—2011 中 4.3 中“使用了营养强化剂”是否指直接添加的、在终产品中发挥营养强化作用的营养强化剂，如果是由于产品中添加的复合配料带入的且在终产品中不发挥营养强化剂作用的营养强化剂，是否可以不标示在营养成分表中？

GB 28050—2011 中 4.3 规定，“使用了营养强化剂的预包装食品，除 4.1 的要求外，在营养成分表中还应标示强化后食品中该营养成分的含量值及其占营养素参考值（NRV）的百分比”。该条款仅适用于营养强化食品。

3. 如果营养成分表中只有“4+1 及糖”或者“4+1 及反式脂肪”，是否要求按照 GB 28050—2011 中 4.1 进行醒目标示？

需要按照 GB 28050—2011 中 4.1 的要求进行醒目标示。

4. 营养成分表中采用中英文共同标示的形式，如果中文与英文分 2 行进行标示是否可以？英文的首字母都大写是否可以？

中文可以与英文分 2 行进行标示，对于英文首字母大小写无具体要求。GB 28050—2011 中附录 B 给出的 6 种格式为企业在标示营养标签时的基本格式。企业在版面设计时可进行适当调整，其目的是直观，方便消费者查看。

5. 营养成分表中能量英文标示单位首字母是否可以大写？

GB 28050—2011 表 1 中列举了能量和各种营养成分的名称、表达单位、修约间隔等要求，旨在指导企业合理标示营养信息，避免造成消费者误解。企业在制作营养标签时，可根据版面设计对字体进行变化，以不影响消费者正确理解为宜。

6. 包装的总面积≤100 cm^2 的预包装食品，是否允许用非表格的形式标示营养成分？

产品包装总表面积≤100 cm^2 或最大表面面积≤20 cm^2 的预包装食品可豁免强制标示营养标签（两者满足其一即可），但允许自愿标示营养信息。这类产品自愿标示营养信息时，可使用文字格式。其他情况下标示营养标签时，均应按照 GB 28050—2011 中 3.3 的要求以“方框表”形式表示。

7. 企业在使用文字格式的营养成分表时，除能量和核心营养素外标示了其他营养成分，但未将“能量和核心营养素的标示更加醒目”，是否可以？

包装总表面积≤100 cm^2 或最大表面面积≤20 cm^2 的预包装食品可以免于标示营养标签。企业在豁免情况下主动标示营养标签，值得鼓励。营养标签中能量和核心营养素的标示虽未醒目，但不影响消费者理解。为节约社会资源，建议生产企业尽快使用已经印刷的包装材料或采取其他补救方式，并尽快按照正确格式设计和使用新的包装。

8. 在标示营养成分表时，将表题“营养成分表”画入框内，而其他部分与GB 28050—2011 附录B中列举的格式一样，是否判定为不合格？

将表题“营养成分表”画入框内，其他部分与GB 28050—2011 附录B中列举的格式一样是符合标准要求的。

9. 在标示营养成分表时，将表题“营养成分表”放在方框表侧面竖直排列，是否可以？

根据GB 28050—2011 中3.3规定，营养成分表应以一个“方框表”的形式表示（特殊情况除外），方框可为任意尺寸，并与包装的基线垂直，表题为“营养成分表”。

GB 28050—2011 对于表题的排列方式未做具体规定，企业可在确保不对消费者造成误导的基础上，自行选择以横排或者竖排方式进行标示。

10. 如果在营养成分表中标示了胆固醇含量，是否还必须把饱和脂肪的含量同时在营养成分表中标示？如果本身是一款零脂肪零胆固醇牛奶，营养成分表中已标示胆固醇的含量为零，脂肪的含量为零，那么还需要再标示饱和脂肪的含量吗？

如果不对胆固醇进行声称，则不需要在营养成分表中标示饱和脂肪的含量。如果本身是一款零脂肪零胆固醇牛奶，营养成分表中已标示脂肪含量为零，则无须再标示饱和脂肪的含量。

11. 香卤翅根、香卤猪蹄、香卤猪尾等带骨类肉制品的标签在标示营养成分表时，是否需标示“以可食部计”？

食品含有皮、骨、籽等非可食部分的，如罐装的排骨、鱼，袋装带壳坚果等，应首先计算可食部（计算公式：可食部＝[（总质量－废弃量）/ 总质量] ×100%），再标示可食部中能量和营养成分含量。为标示更加明确，可以标示“以可食部计”。

12. 营养成分在其他资料中出现的别名是否可以使用？例如烟酸是否可以标示为 VB_3？

根据GB 28050—2011 要求，营养成分表中标示的营养成分名称应符合标准中表1的规定，因此烟酸不可以标示为 VB_3。

13. 标准允许以“每份”标示营养成分，“份”应如何标示？标示位置有何规定？

“份”是企业根据产品特点或推荐量而设定的，每包、每袋、每支、每罐等均可作为一份，也可将一个包装分成多份。当用“份”标示时，应标示每份食品的具体含量（克、毫升）。标准中未明确规定每份食品的量的具体标示位置和标示方式，企业可根据产品包装特点自行选择，以保证消费者正确理解为宜，建议标示在营养标签的邻近位置。

（二）能量和营养成分含量的允许误差范围相关问题

1. GB 28050—2011 中 6.4 规定，“在产品保质期内，能量和营养成分含量的允许误差范围应符合表 2 的规定”。然而，GB 13432—2013 中关于允许误差的规定是：在产品保质期内，能量和营养成分的实际含量不应低于标示值的 80%，并应符合相应产品标准的要求。2 项标准中，“允许误差范围”和“实际含量”是一个意思吗？

2 项标准中的允许误差范围都是指能量和营养成分的实际含量占产品标示值的百分比所被允许的范围。以碳水化合物为例，若某一预包装产品的标签中标示碳水化合物的含量为 10 g/100 g，经过检测或者计算得出的碳水化合物的实际含量应≥8 g/100 g 才能满足≥80%（实际含量 / 标示值 ×100≥80%）的允许误差范围。

2. 关于标示值的误差问题，农副产品个体间差异很大，例如，不同的鱼类在不同的季节被捕获，其身体内的脂肪含量相差一半以上，这种情况如何处理？

农副产品若不是预包装的形式，则不受该标准的管理。若是预包装产品的形式，鱼类等生鲜食品属于豁免标示的范围。

3. GB 28050—2011 规定脂肪等的实测值≤120% 标示值，但是没有下限，如果其脂肪含量标示 10 g/100 g，结果只有 1 g/100 g，那么合格吗？

GB 28050—2011 中 3.1 规定，“预包装食品营养标签标示的任何营养信息，应真实、客观，不得标示虚假信息，不得夸大产品的营养作用或其他作用”；3.4 规定，“食品营养成分含量应以具体数值标示，数值可通过原料计算或产品检测获得”。无论采用任何一种方法，食品生产企业应当确保其产品营养标签上的信息真实、客观，以保护消费者的知情权。

此外，考虑原料、加工过程、货架期等各种因素造成的食品营养成分含量的波动，标准中还规定了能量和营养成分含量的允许误差范围，在产品保质期内，其允许误差范围应符合 GB 28050—2011 中表 2 的规定。

4. 对于配料多且原料来源不稳定的产品，最终能量和各营养素的数值波动会超出标示值的允许误差范围，如何处理？

企业应规范管理，采用质量稳定的原料，做好工艺参数控制，保持产品质量的稳定。同时，企业应加大检测批次，积累多批次营养素的检测数据，再根据 GB 28050—2011 规定的各营养素标示值的允许误差范围进行合理标示，将营养素控制在允许误差范围内。

5. 企业按照计算法标示营养标签，市场抽查进行检测，结果超出标准允许的误差，如何处理？

企业可以基于计算或检测结果，结合产品营养成分情况，并适当考虑该成分的允许误差来确定标签标示的数值。当检测数值与标签标示数值出现较大偏差时，企业应分析产生差异的原因，如主要原料的季节性和产地差异、计算和检测误差等，及时纠正偏差。

在判定营养标签标示数值的准确性时，应该以企业确定标签数值的方法作为依据。若出现抽查后不合规的现象，企业应该首先确认是否因为确定标签标示值的方法不当，或者由于在判定营养标签标示数值的准确性时，没有以本企业确定标签数值的方法作为依据，又或者产品本身就是不合规的情况等，然后做出相应的处理。

（三）营养声称及营养成分功能声称相关问题

1. 对于既是食品添加剂又是营养强化剂的物质，当仅作为食品添加剂使用时，可否在营养成分表中进行标示，并进行营养声称？

对于既是食品添加剂又是营养强化剂的物质，若作为食品添加剂使用时，可自愿选择是否在营养成分表中标示，当其含量满足 GB 28050—2011 要求时，也可进行相应的营养声称。

2. 天然矿泉水中含有钾、钙、镁等多种矿物质，但含量大多无法满足 GB 28050—2011 对矿物质的含量声称条件，是否能在产品标签上宣称含有钾、钙、镁等矿物质？

根据 GB 28050—2011 规定，营养声称是指对食品营养特性的描述和声明，包括含量声称和比较声称。其中含量声称是指描述食品中能量或营养成分含量水平的声称，声称用语包括“含有”“高”“低”“无”等。因此，若企业在产品标签上标示“含有某营养成分”或类似用语属于营养声称范畴。只有当营养成分含量达到标准要求的“含有”的声称要求时，才可以在产品标签上宣称“含有”。

天然矿泉水属于包装饮用水，豁免强制标示营养标签。对于包装饮用水，依据相关标准标示产品的特征性指标，如偏硅酸、碘化物、硒、溶解性总固体含量以及主要阳离子（K^+、Na^+、Ca^{2+}、Mg^{2+}）含量范围等，不属于营养信息。

3. 产品外包装上是否可以对原料进行营养声称，如果可以，需要标示在营养成分表中吗？如何标示？

当所添加原料中的营养成分符合 GB 28050—2011 的营养声称要求时，可按照标准规定对其进行营养声称。

对原料特性和生产工艺的描述不属于营养声称，如脱盐乳清粉等，其描述应符合相应法律法规或标准的要求。

4. 没有 NRV 的营养成分是否可以声称？GB 28050—2011 中没有涉及的营养成分是否可以声称？

当某营养成分的含量标示值符合 GB 28050—2011 中附录 C 的规定时，可以对其进行相应的营养声称，标准中未涉及的营养成分不可以进行营养声称。

5. 如何理解 GB 28050—2011 表 C.3 中“参考食品（基准食品）应为消费者熟知、容易理解的同类或同一属类食品”？

参考食品（基准食品）是指消费者熟知的、容易理解的同类或同一属类食品。当进行比较声称时，企业可以自主选择参考食品，选择时应考虑以下要求：

（1）与被比较的食品是同组（或同类）或类似的食品；

（2）大众熟悉，存在形式可被容易、清楚地识别；

（3）被比较的成分可以代表同组（或同类）或类似食品的基础水平，而不是人工加入或减少了某一成分含量的食品。

例 1：不能以脱脂牛奶为参考食品，比较其他牛奶的脂肪含量高低。

例 2："普通牛奶"可作为声称"加维生素 D 牛奶"的参考食品。

为了能体现产品的真实特点，同时又避免涉嫌不正当竞争，企业可以采用自有市售的同类产品作为参考食品（基准食品）进行营养声称。

6. 根据 GB 28050—2011 中表 C.1 的规定，对维生素或矿物质进行"富含"声称时，仅需满足下述条件之一即可：（1）每 100 g 中≥30%NRV；（2）每 100 mL 中≥15%NRV；（3）每 420 kJ 中≥10%NRV。当在标签上进行相应的含量声称时，为便于消费者理解，是否应增加相应的备注以明确因满足何种条件进行含量声称？如"营养声称仅以每 100 g 计""营养声称仅以每 100 mL 计""营养声称仅以每 420 kJ 计"。

当某产品满足以上条件之一进行营养声称时，如果在未明示满足何种条件易引起歧义的情况下，企业可以自愿在营养标签邻近部位采用增加相应说明的形式进一步明确其满足条件，如"营养声称以每 100 g 计""营养声称以每 100 mL 计""营养声称以每 420 kJ 计"等。

7. GB 28050—2011 允许的营养成分功能声称是否违反《食品安全法》第七十一条的规定？

不违反。营养成分功能声称是指某营养成分可以维持人体正常生长、发育和正常生理功能的声称。由此定义可以看出，该种声称不涉及疾病预防和治疗功能，因此不违反《食品安全法》第七十一条的规定。

8. 声称"无糖"是"碳水化合物"符合声称条件还是"糖"符合声称条件？

"无糖"声称是对糖的一种声称。糖包括单糖和双糖，是碳水化合物的一种，因此，当碳水化合物的含量为零时，糖含量必然为零。产品营养成分表中碳水化合物标示为零时，符合“无糖”声称的条件，企业可进行相应的声称，其营养成分表中无须强制单独标示糖的含量。若碳水化合物含量不为零而糖含量为零时，也可进行无糖声称，此时需要单独标示糖的含量。

9. GB 28050—2011 规定，如果声称“无”或“低胆固醇”则必须满足“低饱和脂肪”。如牛奶通过工艺方法去除了胆固醇，而保留了本身的脂肪，是否可以声称“无”或“低胆固醇”？

GB 28050—2011 明确规定，声称“无或不含胆固醇”或“低胆固醇”时，应同时符合低饱和脂肪的声称含量要求和限制性条件，因此当进行上述声称时，应按本标准规定执行。

10. 在进行含量声称时，达到了“无”或“不含”的条件时，是否可以仅声称“低”？如乳制品中乳糖含量≤0.5 g /100 g（mL）时，产品包装标签上可否选择标示“低乳糖”？

根据 GB 28050—2011 中附录 C 规定，乳品中乳糖含量≤2 g/100 g（mL）时可进行“低乳糖”声称，乳糖含量≤0.5 g/100 g（mL）时可进行“无乳糖”声称。因此，若产品中乳糖含量≤0.5 g/100 g（mL）时，企业依据产品特点和设计理念声称“低乳糖”或“无乳糖”，均符合本标准要求。

11. 氨基酸是否属于营养素？声称“富含氨基酸”是否可以？

氨基酸是营养成分。由于氨基酸没有 NRV，且 GB 28050—2011 也没有给出进行“富含氨基酸”声称的含量要求和限制条件，所以不能声称“富含氨基酸”。

（四）豁免标示相关问题

1. 干贝、鱿鱼干等水产品是否属于生鲜食品？只加入食盐的腌制或盐渍的鱼或肉，加入食盐的干水果、酒糟肉（生的）等，是否属于生鲜食品？是否可豁免强制标示营养标签？此外，如何理解“未添加其他配料的干制品类”？

生鲜食品是指预先定量包装的、未经烹煮、未添加其他配料的生肉、生鱼、生蔬菜和水果等，如袋装鲜（或冻）虾、肉、鱼或鱼块、肉块、肉馅等；未添加其他配料的干制品类，如干蘑菇、木耳、干水果、干蔬菜等，以及生鲜蛋类等，也属于GB 28050—2011中生鲜食品的范围。

干贝、鱿鱼干等水产品不属于生鲜食品，因为已经过烹煮了；只加入食盐的腌制或盐渍的鱼或肉，加入食盐的干水果、酒糟肉（生的）等，也不属于生鲜食品，因为加入了配料食盐，以上两种都不可以豁免强制标示营养标签。

2. 以八角、茴香等为配料的预包装食品烧卤调料是否要标示营养成分表?

若该食品烧卤调料仅仅是以八角、茴香等构成的香辛料混合物则不需要标示营养成分表。

3. 小磨香油产品标签是否需要标示营养成分表?

根据GB 28050—2011，符合“预包装食品”定义的小磨香油不属于豁免范围，应按照本标准要求标示营养成分表。

4. 代用茶和含茶制品（如柠檬片、决明子等）等代茶饮的食品，是否需要标示营养标签?

代用茶和含茶制品等代饮茶食品属于食用量较小的食品，可以豁免标示营养标签。

5. 胶基糖果属于豁免强制标示营养标签食品，无糖胶基糖果是GB/T 23823—2009《糖果分类》中胶基糖果分类的一种，如果在产品标签上标示无糖口香糖，需要标示营养标签吗?

无糖口香糖属于针对糖的营养声称，应按GB 28050—2011要求标示营养标签。

（五）其他问题

1. 如何理解GB 28050—2011中3.2中“如同时使用外文标示的，其内容应当与中文相对应”? 如原有外文营养标签含有不符合本标准要求的内容，是否可以覆盖原外文内容，加贴符合本标准要求的中文营养标签?

在中国生产销售的产品，当营养标签采用中外文标示营养成分表时，中外文内容应相对应，可参考 GB 28050—2011 附录 B 中 B.2.3 示例的格式进行标示。对于进口食品，当产品标签及营养标签采用的是原有外文标签时，此类产品标签（包括营养标签）可以采用加贴标签的形式以符合我国法律法规及标准的要求。因此，对于营养标签部分，可以采用符合本标准要求的中文营养标签加贴的形式，整体覆盖原有外文标签的营养标签。

2. 碳水化合物指糖（单糖和双糖）、寡糖、多糖……。寡糖本身就包含了双糖，为什么把双糖单独列出来，放在寡糖之外？

GB/Z 21922—2008《食品营养成分基本术语》中糖的定义是“所有的单糖和双糖。如葡萄糖、蔗糖等”。寡糖的定义是“也称低聚糖，指聚合度（degree of polymerization，DP）为 3～9 的碳水化合物”。因此，寡糖是不包含双糖的。

3. GB 28050—2011［特别是其关于营养素参考值（NRV）百分比的标签标示规定］是否适用于专供 4 岁以下婴幼儿配方食品？

GB 28050—2011 适用于预包装食品营养标签上营养信息的描述和说明，不适用于保健食品及预包装特殊膳食用食品的营养标签标示，如婴幼儿配方食品等。

4. 同样的产品，不同的规格、不同的生产批次，营养成分信息可以有所不同吗？

可以，但应有营养成分表的计算依据。

三、GB 13432—2013《食品安全国家标准　预包装特殊膳食用食品标签》相关问题

1. 现有食品分类系统中除婴幼儿配方食品、婴幼儿辅助食品按人群划分外，绝大部分按食品属性分类，那么，产品标有婴幼儿食用的普通食品如何归类？是归入婴幼儿食品还是其本身类别？如婴幼儿饼干、孕妇奶粉之类的食品是否属于特殊膳食用食品？如何判断一个预包装食品是普通的预包装食品还是特殊膳食用食品？

GB 13432—2013 中附录 A“特殊膳食用食品的类别”明确了特殊膳食用食品的

具体类别，且本标准也给出了特殊膳食用食品的定义。只有符合定义且在附录A中列出的类别内的产品才属于特殊膳食用食品。婴幼儿饼干属于婴儿谷物辅助食品，其标签要求应该按照本标准执行；孕妇奶粉属于普通预包装食品，其营养标签要求应按照GB 28050—2011的相关要求执行。

2. GB 13432—2013规定，“不应对0～6月龄婴儿配方食品中的必需成分进行含量声称和功能声称”，为什么0～6月龄婴儿配方食品有别于其他特殊膳食用食品？

我国食品安全国家标准对0～6月龄婴儿配方食品中必需成分的含量值有明确规定，婴儿配方食品必须符合标准规定的含量要求。由于0～6月龄婴儿需要全面、平衡的营养，因此，不应对其必需成分进行声称。本规定与CAC标准和大多数国家的相关规定一致。

3. 对于能量和营养成分含量的标示方式，GB 13432—2013中4.3.2规定，“如有必要或相应产品标准中另有要求的，还应标示出每100 kJ（千焦）产品中各营养成分的含量”，“必要”和“相应产品标准”分别是什么情况？

产品标准是指已发布的特殊膳食用食品安全国家标准。标准明确要求标签中营养素和可选择成分含量标识应增加“100千焦”含量的标示时，则应在营养标签中标示出每100 kJ产品中各营养成分的含量，如GB 10765—2021；若无强制要求，可结合产品特点及适用人群，选择进行标示。

4. 如何理解GB 13432—2013中4.4.1中的“必要时”？

企业应根据自身产品的特点或者相应产品标准的要求来确定是否需要标示调配方法或复水再制方法。若标示出来，其字体高度应符合GB 7718—2011的规定。

5. 对国家标准中无最小值要求或无最低强化要求的营养素，可否在企业标准中设定最低要求，依据企业标准进行声称？

不可以。GB 13432—2013规定，当能量或营养成分在产品中的含量达到相应产品标准的最小值或允许强化的最低值时，方可进行声称。此产品标准仅指食品安全国家标准，不包括企业标准。

6. 如果含量声称“高”“富含”可不可以？

GB 13432—2013 中没有“高”和“富含”的依据，因此不可以进行相应声称。

7. 如果在标签的正面醒目地写着“DHA”，没写“含”“有”“提供”等词，属于对 DHA 声称吗？

属于含量声称，必须符合含量声称的条件。

8. 对于营养成分表，“营养成分表”几个字要居中吗？

GB 13432—2013 对于营养成分表的具体格式没有要求，企业可根据产品包装自行设计。

9. 如何理解 GB 13432—2013 中 2.1“特殊膳食用食品”中的“有显著不同”？

请参照 GB 13432—2013 中附录 A 执行，只有符合附录 A 要求的产品才可以归类为特殊膳食用食品。

10. 某些特殊人群食用的食品，例如低钠食品、无蔗糖食品、孕妇食品等，其中一部分可能没有相应的国家标准，这类食品属于特殊膳食用食品吗？

不属于。关于特殊膳食用食品的类别，应参照 GB 13432—2013 中附录 A 执行。

11. 如何理解 GB 13432—2013 中 5.1 中的“适宜人群”？如果适宜人群涵盖的年龄段不一样，推荐摄入量或适宜摄入量也就不一样，应该怎么标示？

适宜人群即产品所针对的适用人群范围，如果适宜人群是按照年龄段划分，且涵盖的年龄段不一样，在标示推荐摄入量或适宜摄入量时可分年龄段分别标示。

12. 部分幼儿配方食品产品标签上标示适用年龄“1 岁以上”，而 GB 10767—2021 规定的幼儿配方食品适用于 12～36 月龄幼儿食用，如此标示适用年龄是否合适？

根据 GB 10767—2021 规定，产品标签中应注明产品的适用年龄。对于适用年龄的具体标示方式我国标准中尚无特殊要求，企业应在参考相关法律法规的基础上真实、客观地标示适用年龄。

13. 如何判定是否可以进行含量声称？

当能量或营养成分在产品中的含量达到相应产品标准的最小值或允许强化的最低值时，即可进行含量声称。

检验方法标准

1. 食品安全国家标准检验方法标准的定位是什么？

《食品安全法》第二十六条规定，“与食品安全有关的食品检验方法与规程”是食品安全标准的重要组成部分，在核验食品安全限量标准指标、食品安全风险监测和风险评估工作中发挥重要作用，是支持食品安全国家标准实施的技术基础。检验方法标准是食品检验机构依法开展食品检验活动的技术依据，是开展市场监督抽检、进行食品安全风险监测和食品生产经营企业进行产品安全风险防控的技术手段，为食品安全监管等工作提供强有力的支撑和保障。

2. 检验掺假掺伪、非法添加类的检验方法可否制定为食品安全国家标准？

食品安全国家标准检验方法标准主要解决与食品安全国家标准中通用标准、产品标准等相配套的问题以及用于食品安全风险监测和风险评估的技术支撑。按照《中华人民共和国食品安全法实施条例》相关规定，对可能掺杂掺假的食品，国务院食品安全监督管理部门可以制定补充检验项目和检验方法，用于对食品的抽样检验、食品安全案件调查处理和食品安全事故处置。因此，食品中掺假掺伪、非法添加物质检验方法暂不纳入食品安全国家标准体系。

3. 选择检验方法标准时需满足什么条件？

选择检验方法标准时，一是考虑检验方法标准的适用范围是否能够满足实际需求；二是检验方法标准的检出限、定量限等性能指标是否能够满足相关限量要求或某风险水平要求；三是考虑实验室本身的条件、检验方法的成本等因素。

4. 食品安全国家标准所用的检验方法能否区分食品终产品中目标待测物的本底值和添加量？

食品安全国家标准所用的检验方法可测定终产品中的目标物，但无法区分其来源是来自本底，还是添加，甚至是外来带入。

5. GB 5009.295—2023《食品安全国家标准　化学分析方法验证通则》、GB 31604.59—2023《食品安全国家标准　食品接触材料及制品　化学分析方法验证通则》、GB 4789.45—2023《食品安全国家标准　微生物检验方法验证通则》的主要技术内容是什么？解决了什么问题？

3 项标准进一步完善了我国食品安全检验方法标准体系，规范了我国的食品安全国家标准化学检验方法验证要求和做法，为食品安全国家标准检验方法研制、审评和使用提供了技术支撑。

标准研制过程中，参考 ISO、美国官方分析化学师协会（AOAC）相关规定，结合我国国情、使用惯例，分别就实验室内验证、实验室间验证提出食品安全检验方法标准最基本的要求，给出不同性能指标的定义和评价方法。例如，GB 5009.295—2023 要求实验室内验证参数至少应包括方法的特异性、检出限、定量限、测定范围、正确度、重复性；实验室间验证参数至少应包括方法的检出限、定量限、测定范围、正确度和再现性；GB 31604.59—2023 部分参照 GB 5009.295—2023，同时提出食品接触材料残留量和迁移量验证工作的特殊要求；GB 4789.45—2023 要求实验室验证包括灵敏度（50% 检出限）、选择性（包含性和排他性）、准确度等性能指标。

在检验方法标准制修订时，代表性食品的选择应优先考虑检测目标物的性质和食品样品的特性，即首先考虑理化、微生物本身的性质，再考虑法规限量要求或高风险食品种类，然后参考标准附录给出的样品分类加以选择，这样才能满足检验方法标准的实际需求。

6. 新修订的 GB 5009.35 测定的合成着色剂包括诱惑红和靛蓝吗？

新修订的 GB 5009.35《食品安全国家标准　食品中合成着色剂的测定》测定的合成着色剂包括诱惑红和靛蓝。本次修订在现有检验方法标准的基础上，扩充能够检测的食品基质类型和着色剂种类，选取了 GB 2760—2014 中有使用限量的所有基质大类中的典型食品基质，覆盖了 GB 2760—2014 中规定的 11 种合成着色剂（分别为柠檬黄、新红、苋菜红、靛蓝、胭脂红、日落黄、诱惑红、亮蓝、喹啉黄、赤藓红和酸性红），能够满足实际检测中的配套需要。同时解决了现有检测方法标准涵盖的样品基质和着色剂类型不够全面、无法匹配 GB 2760—2014 的要求、前处理过程操作耗时繁琐等在实际检测中存在的诸多问题。此外，标准修改了样品前处理方法和仪器条件，明确了提取温度和时间，采用固相萃取柱净化，可以缩短净化时间，提高处理能力，满足批量检验的需要。

7. 香菇、八角等食品采用 GB 5009.34—2016 测定，出现基质干扰，影响测定结果，这种情况如何解决？

香菇、八角的二氧化硫含量测定“基质干扰”是由于采用 GB 5009.34—2016《食品安全国家标准　食品中二氧化硫的测定》时，其蒸馏方式产生大量的蒸馏液，导致香菇、八角等自身存在的天然含硫化合物也随着蒸馏液一并流出，而当以乙酸铅溶液作为吸收液时，其与含硫化合物的蒸馏液结合后，吸收液出现深浅不一的褐色或黑褐色沉淀物，在滴定过程中影响滴定终点颜色的判断，从而造成了测定结果的偏差。

GB 5009.34—2022《食品安全国家标准　食品中二氧化硫的测定》通过采用充氮蒸馏法处理样品，以氮气作为载气，样品中的亚硫酸盐在酸性条件下转化为二氧化硫随着氮气流被流出，采用双氧水溶液吸收蒸馏气体，气体中的二氧化硫被氧化为硫酸根离子，氢氧化钠标准溶液滴定。该过程中没有液体馏分流出，样品自身所含的含硫化合物也不会变成气体馏分随氮气流出，因此，无基质干扰现象。

GB 5009.34—2022 对于各类不同的食品基质具有普遍适用性，试验方法具有特异性，解决了多种产品中二氧化硫检测方法在执行中存在的问题，例如燕窝、香辛料（八角、大蒜片、生姜片、豆蔻等）、蔬菜干制品（香菇、萝卜干等）、代用茶、炒货等食品基质，采用新修订的方法均能测得准确的结果。

8. 同批次产品分别采用GB 5009.93—2017中第一法“氢化物原子荧光光谱法”和第三法“电感耦合等离子体质谱（ICP-MS）法”的检测结果为何会存在差异？

GB 5009.93—2017《食品安全国家标准　食品中硒的测定》中第一法“氢化物原子荧光光谱法”和第三法“ICP-MS法”的检测结果存在差异，可能是第一法“氢化物原子荧光光谱法”前处理样品消解不完全，或是消解液中硒的价态由高至低还原不完全等原因造成的。建议在采用第一法“氢化物原子荧光光谱法”测定样品中硒的含量时，待前处理样品消解完全后再检测。

9. GB 5009.17—2014测定总汞时，消解过程可能会造成汞元素的损失，修订后的GB 5009.17—2021是否解决了该问题？有机汞的测定有什么变化？

采用GB 5009.17—2014《食品安全国家标准　食品中总汞及有机汞的测定》中第一篇第一法“原子荧光光谱分析法”和第二法“冷原子吸收光谱法”进行总汞测定时，样品前处理过程由于汞沸点低，极易挥发，方法消解过程可能会造成汞元素的损失，给总汞的测定带来一定的误差，存在结果不准确问题。此外，随着检验技术的发展，一些成熟的方法，如直接测汞法和电感耦合等离子体质谱法等，亟须纳入食品安全检验方法标准体系，进行食品中总汞及有机汞的测定，满足市场监督抽检、风险监测等工作的需要。

GB 5009.17—2021在现有检验方法基础上，在第一篇“食品中总汞的测定”中增加了第二法“直接进样测汞法”。该方法具有简单快速、取样量少、灵敏度高、精密度好、准确度高等特点，无须样品前处理，不存在实际污染，分析时间短，提升了标准的可操作性，缩短了检测时效；引用GB 5009.268《食品安全国家标准　食品中多元素的测定》中的“ICP-MS法”为第三法，加强了与GB 5009.268的协调性，满足了某些样品同时测定多种元素的检测需求；修订了“原子荧光光谱分析法”和“冷原子吸收光谱法”中不合理的内容，提升了标准的适用性。第二篇“食品中甲基汞的测定”保留“液相色谱-原子荧光光谱联用法”为第一法，修订了方法线性浓度范围、流动相浓度，增加了无机汞、甲基汞、乙基汞的分离度确认，增加“液相色谱-电感耦合等离子体质谱联用法”为第二法，为甲基汞的测定提供灵敏便捷的检测方法，对准确测定食品中无机汞提供了更好的保证，为不同层次的实验室提供确实可行的检测技术，具有重要的社会意义。

10. 实际检测中电感耦合等离子体质谱法经常被用来测定食品中碘的含量，新修订的 GB 5009.267—2020 是否也做了相应修订？

新修订的 GB 5009.267—2020《食品安全国家标准　食品中碘的测定》新增了与欧盟标准及 AOAC 等国际标准接轨的 ICP-MS 法作为第一法，开展了样品前处理方法、测定条件的选择等试验环节和方法性能指标的研究，包括方法的检出限、定量限、线性范围、精密度及准确度等。新增的 ICP-MS 法灵敏度高、精密度好、抗干扰性能强，且样品前处理方法简单。该方法适用范围广，适用于包括婴幼儿配方食品及特殊医学用途配方食品等所有食品中碘的测定。通过方法学指标验证确认了本标准的可行性和实用性，并具有稳定性和连续性，增强了标准的适用性。

11. 新修订的 GB 5009.9—2023 如何解决未添加淀粉的食品检测时发生假阳性的问题？

对于未添加淀粉的食品，新修订的 GB 5009.9—2023《食品安全国家标准　食品中淀粉的测定》增加了微糖检验以判定可溶性糖类物质是否被完全去除，解决了未添加淀粉的食品检测时发生假阳性的问题。本标准 3 个方法均采用氧化还原滴定法测定葡萄糖，根据葡萄糖含量乘以系数计算淀粉含量，因此，经水解产生还原糖的物质均会对淀粉的测定产生干扰。GB 5009.9—2016《食品安全国家标准　食品中淀粉的测定》的 3 个方法中，均有采用乙醇溶液洗涤去除可溶性糖的步骤，但缺少可溶性糖洗净的判定方法，仅凭试验人员的经验可能会使在实际操作中存留的葡萄糖、蔗糖等可溶性糖类物质，被误认为淀粉水解产生的葡萄糖，从而导致检测结果偏高或假阳性。本次修订增加微糖试验作为判定方法，用微糖检验方法检验可溶性糖洗涤干净后其中不溶性杂质中的淀粉含量，从而解决该问题。

此外，本标准还对含麦芽糊精的食品修改了样品的洗涤步骤，在使用 100 mL 85% 乙醇洗涤后，增加使用 40% 乙醇洗涤至微糖检验方法阴性，解决了近年来食品中添加的麦芽糊精干扰淀粉的测定而带来的假阳性的问题，并由此将适用范围修改为“不适用于添加经水解产生还原糖物质（麦芽糊精和可溶性糖除外）的食品中淀粉测定”。

12. GB 12456—2021 解决了哪些问题，其与酸度测定的关系是什么？

GB 12456—2021《食品安全国家标准 食品中总酸的测定》与 GB 16325—2005《干果食品卫生标准》等产品标准中总酸限量配套使用。

食品中总酸的测定与酸度的测定均采用酸碱中和原理，用碱液滴定试样液中的酸，通过达到滴定终点时碱液的消耗量，计算试样液中的总酸的含量或酸度。

总酸与酸度测定的区别在于，总酸指食品中所有酸性成分的总量，包括在测定前已离解成 H^+ 的酸的浓度（游离态），也包括未离解的酸的浓度（结合态、酸式盐），总酸的测定以试样中总酸的含量计，在计算单位质量试样消耗碱的数量后，还需根据酸的种类乘以相应的系数以得到总酸含量，GB 12456—2021 的适用范围包括果蔬制品、饮料、酒类和调味品。酸度指食品中的酸性成分，酸度的测定以 100 g 样品所消耗的 0.1 mol/L 氢氧化钠毫升数计，而无须乘以酸的系数，酸度的单位为度（°T），GB 5009.239—2016《食品安全国家标准 食品酸度的测定》的适用范围包括生乳及乳制品、淀粉及其衍生物以及粮食及制品。

13. 橄榄油食品模拟物中迁移量是总迁移量的重要组成部分，新修订的 GB 31604.8—2021 中增加了该范围吗？

GB 31604.8—2021《食品安全国家标准 食品接触材料及制品 总迁移量的测定》增加了一种检验方法，将适用范围扩大至涵盖了橄榄油食品模拟物。GB 31604.8—2021 将 GB 31604.8—2016 的原有内容作为第一部分，适用于水基食品模拟物中总迁移量的测定；新增第二部分，适用于橄榄油中总迁移量的测定，适用温度范围与 GB 31604.1—2015 保持一致，为 20～175℃，适用的迁移试验方法包括全浸没法、袋装法、测试池法、填充法。

此外，GB 31604.8—2021 一方面修改了精密度，根据总迁移量的检测结果大小分段进行规定，另一方面增强了与 GB 31604、GB 5009 系列标准的匹配性，主要包括：使用“水基食品模拟物”术语等与 GB 31604 系列其他标准中对迁移试验部分相匹配的描述；将 GB 31604.8—2016 中采样、试样清洗、食品模拟物和迁移试验条件选择、迁移试验预处理 4 部分汇总为“迁移试验”，并引用 GB 31604.1、GB 5009.156 的规定；引用 GB 5009.156 的配制方法细化水基食品模拟物的配制。

14. 在提高检测效率方面，GB 4789.2—2022 有哪些变化?

随着我国食品安全战略的逐步实施，各级食品监管部门组织进行了大量的食品安全抽检和风险监测，GB 4789.2 是应用最多的微生物类食品安全国家检验方法标准之一，标准的可操作性和质量控制直接影响检验数据的准确性，该标准在修订前方法操作繁琐，费时费力，限制了批量样品的检测效率。

GB 4789.2—2022《食品安全国家标准　食品微生物学检验　菌落总数测定》增加了“菌落总数测试片”，通过使用与平板计数琼脂培养基配方一致的即用型菌落总数测试片，解决了大批量样品菌落总数测定时培养基制备、样品稀释、结果计数等操作繁琐问题，提高了标准的可操作性，满足了大量样品菌落总数的测定需求。同时对样品稀释、培养温度等进行了修订，增加了菌落总数计算方法示例，进一步增强了方法标准的可操作性、实用性和灵活性。

附录

食品安全国家标准目录

（截至 2023 年 10 月共 1563 项）

序号	标准名称	标准编号
通用标准（15 项）		
1	食品安全国家标准　食品中真菌毒素限量	GB 2761—2017
2	食品安全国家标准　食品中污染物限量	GB 2762—2022
3	食品安全国家标准　食品中农药最大残留限量	GB 2763—2021
4	食品安全国家标准　食品中 2,4- 滴丁酸钠盐等 112 种农药最大残留限量	GB 2763.1—2022
5	食品安全国家标准　食品中兽药最大残留限量	GB 31650—2019
6	食品安全国家标准　食品中 41 种兽药最大残留限量	GB 31650.1—2022
7	食品安全国家标准　预包装食品中致病菌限量	GB 29921—2021
8	食品安全国家标准　散装即食食品中致病菌限量	GB 31607—2021
9	食品安全国家标准　食品添加剂使用标准	GB 2760—2014
10	食品安全国家标准　食品接触材料及制品用添加剂使用标准	GB 9685—2016
11	食品安全国家标准　食品营养强化剂使用标准	GB 14880—2012
12	食品安全国家标准　预包装食品标签通则	GB 7718—2011
13	食品安全国家标准　预包装食品营养标签通则	GB 28050—2011
14	食品安全国家标准　预包装特殊膳食用食品标签	GB 13432—2013
15	食品安全国家标准　食品添加剂标识通则	GB 29924—2013
食品产品标准（72 项）		
1	食品安全国家标准　干酪	GB 5420—2021
2	食品安全国家标准　乳清粉和乳清蛋白粉	GB 11674—2010
3	食品安全国家标准　浓缩乳制品	GB 13102—2022
4	食品安全国家标准　生乳	GB 19301—2010
5	食品安全国家标准　发酵乳	GB 19302—2010
6	食品安全国家标准　乳粉	GB 19644—2010
7	食品安全国家标准　巴氏杀菌乳	GB 19645—2010
8	食品安全国家标准　稀奶油、奶油和无水奶油	GB 19646—2010

续表

序号	标准名称	标准编号
9	食品安全国家标准　灭菌乳	GB 25190—2010
10	食品安全国家标准　调制乳	GB 25191—2010
11	食品安全国家标准　再制干酪和干酪制品	GB 25192—2022
12	食品安全国家标准　蜂蜜	GB 14963—2011
13	食品安全国家标准　速冻面米与调制食品	GB 19295—2021
14	食品安全国家标准　食用盐碘含量	GB 26878—2011
15	食品安全国家标准　蒸馏酒及其配制酒	GB 2757—2012
16	食品安全国家标准　发酵酒及其配制酒	GB 2758—2012
17	食品安全国家标准　面筋制品	GB 2711—2014
18	食品安全国家标准　豆制品	GB 2712—2014
19	食品安全国家标准　酿造酱	GB 2718—2014
20	食品安全国家标准　食用菌及其制品	GB 7096—2014
21	食品安全国家标准　巧克力、代可可脂巧克力及其制品	GB 9678.2—2014
22	食品安全国家标准　水产调味品	GB 10133—2014
23	食品安全国家标准　食糖	GB 13104—2014
24	食品安全国家标准　淀粉糖	GB 15203—2014
25	食品安全国家标准　保健食品	GB 16740—2014
26	食品安全国家标准　膨化食品	GB 17401—2014
27	食品安全国家标准　包装饮用水	GB 19298—2014
28	食品安全国家标准　坚果与籽类食品	GB 19300—2014
29	食品安全国家标准　淀粉制品	GB 2713—2015
30	食品安全国家标准　酱腌菜	GB 2714—2015
31	食品安全国家标准　味精	GB 2720—2015
32	食品安全国家标准　食用盐	GB 2721—2015
33	食品安全国家标准　腌腊肉制品	GB 2730—2015
34	食品安全国家标准　鲜、冻动物性水产品	GB 2733—2015
35	食品安全国家标准　蛋与蛋制品	GB 2749—2015
36	食品安全国家标准　冷冻饮品和制作料	GB 2759—2015
37	食品安全国家标准　罐头食品	GB 7098—2015
38	食品安全国家标准　糕点、面包	GB 7099—2015
39	食品安全国家标准　饼干	GB 7100—2015
40	食品安全国家标准　饮料	GB 7101—2022

续表

序号	标准名称	标准编号
41	食品安全国家标准　动物性水产制品	GB 10136—2015
42	食品安全国家标准　食用动物油脂	GB 10146—2015
43	食品安全国家标准　胶原蛋白肠衣	GB 14967—2015
44	食品安全国家标准　食用油脂制品	GB 15196—2015
45	食品安全国家标准　食品工业用浓缩液（汁、浆）	GB 17325—2015
46	食品安全国家标准　方便面	GB 17400—2015
47	食品安全国家标准　果冻	GB 19299—2015
48	食品安全国家标准　食用植物油料	GB 19641—2015
49	食品安全国家标准　干海参	GB 31602—2015
50	食品安全国家标准　鲜（冻）畜、禽产品	GB 2707—2016
51	食品安全国家标准　粮食	GB 2715—2016
52	食品安全国家标准　熟肉制品	GB 2726—2016
53	食品安全国家标准　蜜饯	GB 14884—2016
54	食品安全国家标准　食品加工用粕类	GB 14932—2016
55	食品安全国家标准　糖果	GB 17399—2016
56	食品安全国家标准　冲调谷物制品	GB 19640—2016
57	食品安全国家标准　藻类及其制品	GB 19643—2016
58	食品安全国家标准　食品加工用植物蛋白	GB 20371—2016
59	食品安全国家标准　花粉	GB 31636—2016
60	食品安全国家标准　食用淀粉	GB 31637—2016
61	食品安全国家标准　酪蛋白	GB 31638—2016
62	食品安全国家标准　食品加工用菌种制剂	GB 31639—2023
63	食品安全国家标准　食用酒精	GB 31640—2016
64	食品安全国家标准　植物油	GB 2716—2018
65	食品安全国家标准　酱油	GB 2717—2018
66	食品安全国家标准　食醋	GB 2719—2018
67	食品安全国家标准　饮用天然矿泉水	GB 8537—2018
68	食品安全国家标准　乳糖	GB 25595—2018
69	食品安全国家标准　复合调味料	GB 31644—2018
70	食品安全国家标准　胶原蛋白肽	GB 31645—2018
71	食品安全国家标准　茶叶	GB 31608—2023
72	食品安全国家标准　食品加工用植物蛋白肽	GB 31611—2023

续表

序号	标准名称	标准编号
特殊膳食食品标准（10 项）		
1	食品安全国家标准　婴儿配方食品	GB 10765—2021
2	食品安全国家标准　较大婴儿配方食品	GB 10766—2021
3	食品安全国家标准　幼儿配方食品	GB 10767—2021
4	食品安全国家标准　婴幼儿谷类辅助食品	GB 10769—2010
5	食品安全国家标准　婴幼儿罐装辅助食品	GB 10770—2010
6	食品安全国家标准　特殊医学用途婴儿配方食品通则	GB 25596—2010
7	食品安全国家标准　特殊医学用途配方食品通则	GB 29922—2013
8	食品安全国家标准　辅食营养补充品	GB 22570—2014
9	食品安全国家标准　运动营养食品通则	GB 24154—2015
10	食品安全国家标准　孕妇及乳母营养补充食品	GB 31601—2015
食品添加剂质量规格及相关标准（639 项）		
1	食品安全国家标准　复配食品添加剂通则	GB 26687—2011
2	食品安全国家标准　食品用香料通则	GB 29938—2020
3	食品安全国家标准　食品用香精	GB 30616—2020
4	食品安全国家标准　食品添加剂　碳酸钠	GB 1886.1—2021
5	食品安全国家标准　食品添加剂　碳酸氢钠	GB 1886.2—2015
6	食品安全国家标准　食品添加剂　磷酸氢钙	GB 1886.3—2021
7	食品安全国家标准　食品添加剂　六偏磷酸钠	GB 1886.4—2020
8	食品安全国家标准　食品添加剂　硝酸钠	GB 1886.5—2015
9	食品安全国家标准　食品添加剂　硫酸钙	GB 1886.6—2016
10	食品安全国家标准　食品添加剂　焦亚硫酸钠	GB 1886.7—2015
11	食品安全国家标准　食品添加剂　亚硫酸钠	GB 1886.8—2015
12	食品安全国家标准　食品添加剂　盐酸	GB 1886.9—2016
13	食品安全国家标准　食品添加剂　冰乙酸（又名冰醋酸）	GB 1886.10—2015
14	食品安全国家标准　食品添加剂　亚硝酸钠	GB 1886.11—2016
15	食品安全国家标准　食品添加剂　丁基羟基茴香醚（BHA）	GB 1886.12—2015
16	食品安全国家标准　食品添加剂　高锰酸钾	GB 1886.13—2015
17	食品安全国家标准　食品添加剂　没食子酸丙酯	GB 1886.14—2015
18	食品安全国家标准　食品添加剂　磷酸	GB 1886.15—2015
19	食品安全国家标准　食品添加剂　香兰素	GB 1886.16—2015
20	食品安全国家标准　食品添加剂　紫胶红（又名虫胶红）	GB 1886.17—2015
21	食品安全国家标准　食品添加剂　糖精钠	GB 1886.18—2015

续表

序号	标准名称	标准编号
22	食品安全国家标准 食品添加剂 红曲米	GB 1886.19—2015
23	食品安全国家标准 食品添加剂 氢氧化钠	GB 1886.20—2016
24	食品安全国家标准 食品添加剂 乳酸钙	GB 1886.21—2016
25	食品安全国家标准 食品添加剂 柠檬油	GB 1886.22—2016
26	食品安全国家标准 食品添加剂 小花茉莉浸膏	GB 1886.23—2015
27	食品安全国家标准 食品添加剂 桂花浸膏	GB 1886.24—2015
28	食品安全国家标准 食品添加剂 柠檬酸钠	GB 1886.25—2016
29	食品安全国家标准 食品添加剂 石蜡	GB 1886.26—2016
30	食品安全国家标准 食品添加剂 蔗糖脂肪酸酯	GB 1886.27—2015
31	食品安全国家标准 食品添加剂 D- 异抗坏血酸钠	GB 1886.28—2016
32	食品安全国家标准 食品添加剂 生姜油	GB 1886.29—2015
33	食品安全国家标准 食品添加剂 可可壳色	GB 1886.30—2015
34	食品安全国家标准 食品添加剂 对羟基苯甲酸乙酯	GB 1886.31—2015
35	食品安全国家标准 食品添加剂 高粱红	GB 1886.32—2015
36	食品安全国家标准 食品添加剂 桉叶油（蓝桉油）	GB 1886.33—2015
37	食品安全国家标准 食品添加剂 辣椒红	GB 1886.34—2015
38	食品安全国家标准 食品添加剂 山苍子油	GB 1886.35—2015
39	食品安全国家标准 食品添加剂 留兰香油	GB 1886.36—2015
40	食品安全国家标准 食品添加剂 环己基氨基磺酸钠（又名甜蜜素）	GB 1886.37—2015
41	食品安全国家标准 食品添加剂 薰衣草油	GB 1886.38—2015
42	食品安全国家标准 食品添加剂 山梨酸钾	GB 1886.39—2015
43	食品安全国家标准 食品添加剂 L- 苹果酸	GB 1886.40—2015
44	食品安全国家标准 食品添加剂 黄原胶	GB 1886.41—2015
45	食品安全国家标准 食品添加剂 *dl*- 酒石酸	GB 1886.42—2015
46	食品安全国家标准 食品添加剂 抗坏血酸钙	GB 1886.43—2015
47	食品安全国家标准 食品添加剂 抗坏血酸钠	GB 1886.44—2016
48	食品安全国家标准 食品添加剂 氯化钙	GB 1886.45—2016
49	食品安全国家标准 食品添加剂 低亚硫酸钠	GB 1886.46—2015
50	食品安全国家标准 食品添加剂 天门冬酰苯丙氨酸甲酯（又名阿斯巴甜）	GB 1886.47—2016
51	食品安全国家标准 食品添加剂 玫瑰油	GB 1886.48—2015
52	食品安全国家标准 食品添加剂 *D*- 异抗坏血酸	GB 1886.49—2016
53	食品安全国家标准 食品添加剂 2- 甲基 -3- 巯基呋喃	GB 1886.50—2015

续表

序号	标准名称	标准编号
54	食品安全国家标准　食品添加剂　2,3-丁二酮	GB 1886.51—2015
55	食品安全国家标准　食品添加剂　植物油抽提溶剂（又名己烷类溶剂）	GB 1886.52—2015
56	食品安全国家标准　食品添加剂　己二酸	GB 1886.53—2015
57	食品安全国家标准　食品添加剂　丙烷	GB 1886.54—2015
58	食品安全国家标准　食品添加剂　丁烷	GB 1886.55—2015
59	食品安全国家标准　食品添加剂　1-丁醇（正丁醇）	GB 1886.56—2015
60	食品安全国家标准　食品添加剂　单辛酸甘油酯	GB 1886.57—2016
61	食品安全国家标准　食品添加剂　乙醚	GB 1886.58—2015
62	食品安全国家标准　食品添加剂　石油醚	GB 1886.59—2015
63	食品安全国家标准　食品添加剂　姜黄	GB 1886.60—2015
64	食品安全国家标准　食品添加剂　红花黄	GB 1886.61—2015
65	食品安全国家标准　食品添加剂　硅酸镁	GB 1886.62—2015
66	食品安全国家标准　食品添加剂　膨润土	GB 1886.63—2015
67	食品安全国家标准　食品添加剂　焦糖色	GB 1886.64—2015
68	食品安全国家标准　食品添加剂　单，双甘油脂肪酸酯	GB 1886.65—2015
69	食品安全国家标准　食品添加剂　红曲黄色素	GB 1886.66—2015
70	食品安全国家标准　食品添加剂　皂荚糖胶	GB 1886.67—2015
71	食品安全国家标准　食品添加剂　二甲基二碳酸盐（又名维果灵）	GB 1886.68—2015
72	食品安全国家标准　食品添加剂　天门冬酰苯丙氨酸甲酯乙酰磺胺酸	GB 1886.69—2016
73	食品安全国家标准　食品添加剂　沙蒿胶	GB 1886.70—2015
74	食品安全国家标准　食品添加剂　1,2-二氯乙烷	GB 1886.71—2015
75	食品安全国家标准　食品添加剂　聚氧乙烯聚氧丙烯胺醚	GB 1886.72—2016
76	食品安全国家标准　食品添加剂　不溶性聚乙烯聚吡咯烷酮	GB 1886.73—2015
77	食品安全国家标准　食品添加剂　柠檬酸钾	GB 1886.74—2015
78	食品安全国家标准　食品添加剂　L-半胱氨酸盐酸盐	GB 1886.75—2016
79	食品安全国家标准　食品添加剂　姜黄素	GB 1886.76—2015
80	食品安全国家标准　食品添加剂　罗汉果甜苷	GB 1886.77—2016
81	食品安全国家标准　食品添加剂　番茄红素（合成）	GB 1886.78—2016
82	食品安全国家标准　食品添加剂　硫代二丙酸二月桂酯	GB 1886.79—2015
83	食品安全国家标准　食品添加剂　乙酰化单、双甘油脂肪酸酯	GB 1886.80—2015
84	食品安全国家标准　食品添加剂　月桂酸	GB 1886.81—2015
85	食品安全国家标准　食品添加剂　铵磷脂	GB 1886.83—2016
86	食品安全国家标准　食品添加剂　巴西棕榈蜡	GB 1886.84—2015

续表

序号	标准名称	标准编号
87	食品安全国家标准　食品添加剂　冰乙酸（低压羰基化法）	GB 1886.85—2016
88	食品安全国家标准　食品添加剂　刺云实胶	GB 1886.86—2015
89	食品安全国家标准　食品添加剂　蜂蜡	GB 1886.87—2015
90	食品安全国家标准　食品添加剂　富马酸一钠	GB 1886.88—2015
91	食品安全国家标准　食品添加剂　甘草抗氧化物	GB 1886.89—2015
92	食品安全国家标准　食品添加剂　硅酸钙	GB 1886.90—2015
93	食品安全国家标准　食品添加剂　硬脂酸镁	GB 1886.91—2016
94	食品安全国家标准　食品添加剂　硬脂酰乳酸钠	GB 1886.92—2016
95	食品安全国家标准　食品添加剂　乳酸脂肪酸甘油酯	GB 1886.93—2015
96	食品安全国家标准　食品添加剂　亚硝酸钾	GB 1886.94—2016
97	食品安全国家标准　食品添加剂　聚甘油蓖麻醇酸酯（PGPR）	GB 1886.95—2015
98	食品安全国家标准　食品添加剂　松香季戊四醇酯	GB 1886.96—2016
99	食品安全国家标准　食品添加剂　5′- 肌苷酸二钠	GB 1886.97—2015
100	食品安全国家标准　食品添加剂　乳糖醇（又名 4-*β*-D 吡喃半乳糖 -D- 山梨醇）	GB 1886.98—2016
101	食品安全国家标准　食品添加剂　L-*α*- 天冬氨酰 -*N*-（2,2,4,4- 四甲基 -3- 硫化三亚甲基）-D- 丙氨酰胺（又名阿力甜）	GB 1886.99—2015
102	食品安全国家标准　食品添加剂　乙二胺四乙酸二钠	GB 1886.100—2015
103	食品安全国家标准　食品添加剂　硬脂酸（又名十八烷酸）	GB 1886.101—2016
104	食品安全国家标准　食品添加剂　硬脂酸钙	GB 1886.102—2016
105	食品安全国家标准　食品添加剂　微晶纤维素	GB 1886.103—2015
106	食品安全国家标准　食品添加剂　喹啉黄	GB 1886.104—2015
107	食品安全国家标准　食品添加剂　辣椒橙	GB 1886.105—2016
108	食品安全国家标准　食品添加剂　罗望子多糖胶	GB 1886.106—2015
109	食品安全国家标准　食品添加剂　柠檬酸一钠	GB 1886.107—2015
110	食品安全国家标准　食品添加剂　偶氮甲酰胺	GB 1886.108—2015
111	食品安全国家标准　食品添加剂　羟丙基甲基纤维素（HPMC）	GB 1886.109—2015
112	食品安全国家标准　食品添加剂　天然苋菜红	GB 1886.110—2015
113	食品安全国家标准　食品添加剂　甜菜红	GB 1886.111—2015
114	食品安全国家标准　食品添加剂　聚氧乙烯木糖醇酐单硬脂酸酯	GB 1886.112—2015
115	食品安全国家标准　食品添加剂　菊花黄浸膏	GB 1886.113—2015
116	食品安全国家标准　食品添加剂　紫胶（又名虫胶）	GB 1886.114—2015
117	食品安全国家标准　食品添加剂　黑豆红	GB 1886.115—2015

续表

序号	标准名称	标准编号
118	食品安全国家标准　食品添加剂　木糖醇酐单硬脂酸酯	GB 1886.116—2015
119	食品安全国家标准　食品添加剂　羟基香茅醛	GB 1886.117—2015
120	食品安全国家标准　食品添加剂　杭白菊花浸膏	GB 1886.118—2015
121	食品安全国家标准　食品添加剂　1,8- 桉叶素	GB 1886.119—2015
122	食品安全国家标准　食品添加剂　己酸	GB 1886.120—2015
123	食品安全国家标准　食品添加剂　丁酸	GB 1886.121—2015
124	食品安全国家标准　食品添加剂　桃醛（又名 γ- 十一烷内酯）	GB 1886.122—2015
125	食品安全国家标准　食品添加剂　α- 己基肉桂醛	GB 1886.123—2015
126	食品安全国家标准　食品添加剂　广藿香油	GB 1886.124—2015
127	食品安全国家标准　食品添加剂　肉桂醇	GB 1886.125—2015
128	食品安全国家标准　食品添加剂　乙酸芳樟酯	GB 1886.126—2015
129	食品安全国家标准　食品添加剂　山楂核烟熏香味料Ⅰ号、Ⅱ号	GB 1886.127—2016
130	食品安全国家标准　食品添加剂　甲基环戊烯醇酮（又名 3- 甲基 -2- 羟基 -2- 环戊烯 -1- 酮）	GB 1886.128—2015
131	食品安全国家标准　食品添加剂　丁香酚	GB 1886.129—2022
132	食品安全国家标准　食品添加剂　庚酸乙酯	GB 1886.130—2015
133	食品安全国家标准　食品添加剂　α- 戊基肉桂醛	GB 1886.131—2015
134	食品安全国家标准　食品添加剂　己酸烯丙酯	GB 1886.132—2015
135	食品安全国家标准　食品添加剂　枣子酊	GB 1886.133—2015
136	食品安全国家标准　食品添加剂　γ- 壬内酯	GB 1886.134—2015
137	食品安全国家标准　食品添加剂　苯甲醇	GB 1886.135—2015
138	食品安全国家标准　食品添加剂　丁酸苄酯	GB 1886.136—2015
139	食品安全国家标准　食品添加剂　十六醛（又名杨梅醛）	GB 1886.137—2015
140	食品安全国家标准　食品添加剂　2- 乙酰基吡嗪	GB 1886.138—2015
141	食品安全国家标准　食品添加剂　百里香酚	GB 1886.139—2015
142	食品安全国家标准　食品添加剂　八角茴香油	GB 1886.140—2015
143	食品安全国家标准　食品添加剂　d- 核糖	GB 1886.141—2016
144	食品安全国家标准　食品添加剂　α- 紫罗兰酮	GB 1886.142—2015
145	食品安全国家标准　食品添加剂　γ- 癸内酯	GB 1886.143—2015
146	食品安全国家标准　食品添加剂　γ- 己内酯	GB 1886.144—2015
147	食品安全国家标准　食品添加剂　δ- 癸内酯	GB 1886.145—2015
148	食品安全国家标准　食品添加剂　δ- 十二内酯	GB 1886.146—2015
149	食品安全国家标准　食品添加剂　二氢香芹醇	GB 1886.147—2015

续表

序号	标准名称	标准编号
150	食品安全国家标准 食品添加剂 芳樟醇	GB 1886.148—2015
151	食品安全国家标准 食品添加剂 己醛	GB 1886.149—2015
152	食品安全国家标准 食品添加剂 甲酸香茅酯	GB 1886.150—2015
153	食品安全国家标准 食品添加剂 甲酸香叶酯	GB 1886.151—2015
154	食品安全国家标准 食品添加剂 辛酸乙酯	GB 1886.152—2015
155	食品安全国家标准 食品添加剂 乙酸 2- 甲基丁酯	GB 1886.153—2015
156	食品安全国家标准 食品添加剂 乙酸丙酯	GB 1886.154—2015
157	食品安全国家标准 食品添加剂 乙酸橙花酯	GB 1886.155—2015
158	食品安全国家标准 食品添加剂 乙酸松油酯	GB 1886.156—2015
159	食品安全国家标准 食品添加剂 乙酸香叶酯	GB 1886.157—2015
160	食品安全国家标准 食品添加剂 异丁酸乙酯	GB 1886.158—2015
161	食品安全国家标准 食品添加剂 异戊酸 3- 己烯酯	GB 1886.159—2015
162	食品安全国家标准 食品添加剂 正癸醛（又名癸醛）	GB 1886.160—2015
163	食品安全国家标准 食品添加剂 棕榈酸乙酯	GB 1886.161—2015
164	食品安全国家标准 食品添加剂 2,6- 二甲基 -5- 庚烯醛	GB 1886.162—2015
165	食品安全国家标准 食品添加剂 2- 甲基 -4- 戊烯酸	GB 1886.163—2015
166	食品安全国家标准 食品添加剂 2- 甲基丁酸 2- 甲基丁酯	GB 1886.164—2015
167	食品安全国家标准 食品添加剂 2- 甲基丁酸 3- 己烯酯	GB 1886.165—2015
168	食品安全国家标准 食品添加剂 γ- 庚内酯	GB 1886.166—2015
169	食品安全国家标准 食品添加剂 大茴香脑	GB 1886.167—2015
170	食品安全国家标准 食品添加剂 γ- 十二内酯	GB 1886.168—2015
171	食品安全国家标准 食品添加剂 卡拉胶	GB 1886.169—2016
172	食品安全国家标准 食品添加剂 5′- 鸟苷酸二钠	GB 1886.170—2016
173	食品安全国家标准 食品添加剂 5′- 呈味核苷酸二钠（又名呈味核苷酸二钠）	GB 1886.171—2016
174	食品安全国家标准 食品添加剂 迷迭香提取物	GB 1886.172—2016
175	食品安全国家标准 食品添加剂 乳酸	GB 1886.173—2016
176	食品安全国家标准 食品添加剂 食品工业用酶制剂	GB 1886.174—2016
177	食品安全国家标准 食品添加剂 亚麻籽胶（又名富兰克胶）	GB 1886.175—2016
178	食品安全国家标准 食品添加剂 异构化乳糖液	GB 1886.176—2016
179	食品安全国家标准 食品添加剂 D- 甘露糖醇	GB 1886.177—2016
180	食品安全国家标准 食品添加剂 聚甘油脂肪酸酯	GB 1886.178—2016
181	食品安全国家标准 食品添加剂 硬脂酰乳酸钙	GB 1886.179—2016

续表

序号	标准名称	标准编号
182	食品安全国家标准　食品添加剂　红曲红	GB 1886.181—2016
183	食品安全国家标准　食品添加剂　异麦芽酮糖	GB 1886.182—2016
184	食品安全国家标准　食品添加剂　苯甲酸	GB 1886.183—2016
185	食品安全国家标准　食品添加剂　苯甲酸钠	GB 1886.184—2016
186	食品安全国家标准　食品添加剂　琥珀酸单甘油酯	GB 1886.185—2016
187	食品安全国家标准　食品添加剂　山梨酸	GB 1886.186—2016
188	食品安全国家标准　食品添加剂　山梨糖醇和山梨糖醇液	GB 1886.187—2016
189	食品安全国家标准　食品添加剂　田菁胶	GB 1886.188—2016
190	食品安全国家标准　食品添加剂　3- 环己基丙酸烯丙酯	GB 1886.189—2016
191	食品安全国家标准　食品添加剂　乙酸乙酯	GB 1886.190—2016
192	食品安全国家标准　食品添加剂　柠檬醛	GB 1886.191—2016
193	食品安全国家标准　食品添加剂　苯乙醇	GB 1886.192—2016
194	食品安全国家标准　食品添加剂　丙酸乙酯	GB 1886.193—2016
195	食品安全国家标准　食品添加剂　丁酸乙酯	GB 1886.194—2016
196	食品安全国家标准　食品添加剂　丁酸异戊酯	GB 1886.195—2016
197	食品安全国家标准　食品添加剂　己酸乙酯	GB 1886.196—2016
198	食品安全国家标准　食品添加剂　乳酸乙酯	GB 1886.197—2016
199	食品安全国家标准　食品添加剂　*α*- 松油醇	GB 1886.198—2016
200	食品安全国家标准　食品添加剂　天然薄荷脑	GB 1886.199—2016
201	食品安全国家标准　食品添加剂　香叶油（又名玫瑰香叶油）	GB 1886.200—2016
202	食品安全国家标准　食品添加剂　乙酸苄酯	GB 1886.201—2016
203	食品安全国家标准　食品添加剂　乙酸异戊酯	GB 1886.202—2016
204	食品安全国家标准　食品添加剂　异戊酸异戊酯	GB 1886.203—2016
205	食品安全国家标准　食品添加剂　亚洲薄荷素油	GB 1886.204—2016
206	食品安全国家标准　食品添加剂　*d*- 香芹酮	GB 1886.205—2016
207	食品安全国家标准　食品添加剂　*l*- 香芹酮	GB 1886.206—2016
208	食品安全国家标准　食品添加剂　中国肉桂油	GB 1886.207—2016
209	食品安全国家标准　食品添加剂　乙基麦芽酚	GB 1886.208—2016
210	食品安全国家标准　食品添加剂　正丁醇	GB 1886.209—2016
211	食品安全国家标准　食品添加剂　丙酸	GB 1886.210—2016
212	食品安全国家标准　食品添加剂　茶多酚（又名维多酚）	GB 1886.211—2016
213	食品安全国家标准　食品添加剂　酪蛋白酸钠（又名酪朊酸钠）	GB 1886.212—2016
214	食品安全国家标准　食品添加剂　二氧化硫	GB 1886.213—2016

续表

序号	标准名称	标准编号
215	食品安全国家标准　食品添加剂　碳酸钙（包括轻质和重质碳酸钙）	GB 1886.214—2016
216	食品安全国家标准　食品添加剂　白油（又名液体石蜡）	GB 1886.215—2016
217	食品安全国家标准　食品添加剂　氧化镁（包括重质和轻质）	GB 1886.216—2016
218	食品安全国家标准　食品添加剂　亮蓝	GB 1886.217—2016
219	食品安全国家标准　食品添加剂　亮蓝铝色淀	GB 1886.218—2016
220	食品安全国家标准　食品添加剂　苋菜红铝色淀	GB 1886.219—2016
221	食品安全国家标准　食品添加剂　胭脂红	GB 1886.220—2016
222	食品安全国家标准　食品添加剂　胭脂红铝色淀	GB 1886.221—2016
223	食品安全国家标准　食品添加剂　诱惑红	GB 1886.222—2016
224	食品安全国家标准　食品添加剂　诱惑红铝色淀	GB 1886.223—2016
225	食品安全国家标准　食品添加剂　日落黄铝色淀	GB 1886.224—2016
226	食品安全国家标准　食品添加剂　乙氧基喹	GB 1886.225—2016
227	食品安全国家标准　食品添加剂　海藻酸丙二醇酯	GB 1886.226—2016
228	食品安全国家标准　食品添加剂　吗啉脂肪酸盐果蜡	GB 1886.227—2016
229	食品安全国家标准　食品添加剂　二氧化碳	GB 1886.228—2016
230	食品安全国家标准　食品添加剂　硫酸铝钾（又名钾明矾）	GB 1886.229—2016
231	食品安全国家标准　食品添加剂　抗坏血酸棕榈酸酯	GB 1886.230—2016
232	食品安全国家标准　食品添加剂　乳酸链球菌素	GB 1886.231—2023
233	食品安全国家标准　食品添加剂　羧甲基纤维素钠	GB 1886.232—2016
234	食品安全国家标准　食品添加剂　维生素 E	GB 1886.233—2016
235	食品安全国家标准　食品添加剂　木糖醇	GB 1886.234—2016
236	食品安全国家标准　食品添加剂　柠檬酸	GB 1886.235—2016
237	食品安全国家标准　食品添加剂　丙二醇脂肪酸酯	GB 1886.236—2016
238	食品安全国家标准　食品添加剂　植酸（又名肌醇六磷酸）	GB 1886.237—2016
239	食品安全国家标准　食品添加剂　改性大豆磷脂	GB 1886.238—2016
240	食品安全国家标准　食品添加剂　琼脂	GB 1886.239—2016
241	食品安全国家标准　食品添加剂　甘草酸一钾	GB 1886.240—2016
242	食品安全国家标准　食品添加剂　甘草酸三钾	GB 1886.241—2016
243	食品安全国家标准　食品添加剂　甘草酸铵	GB 1886.242—2016
244	食品安全国家标准　食品添加剂　海藻酸钠（又名褐藻酸钠）	GB 1886.243—2016
245	食品安全国家标准　食品添加剂　紫甘薯色素	GB 1886.244—2016
246	食品安全国家标准　食品添加剂　复配膨松剂	GB 1886.245—2016
247	食品安全国家标准　食品添加剂　滑石粉	GB 1886.246—2016

续表

序号	标准名称	标准编号
248	食品安全国家标准　食品添加剂　碳酸氢钾	GB 1886.247—2016
249	食品安全国家标准　食品添加剂　稳定态二氧化氯	GB 1886.248—2016
250	食品安全国家标准　食品添加剂　4- 己基间苯二酚	GB 1886.249—2016
251	食品安全国家标准　食品添加剂　植酸钠	GB 1886.250—2016
252	食品安全国家标准　食品添加剂　氧化铁黑	GB 1886.251—2016
253	食品安全国家标准　食品添加剂　氧化铁红	GB 1886.252—2016
254	食品安全国家标准　食品添加剂　羟基硬脂精（又名氧化硬脂精）	GB 1886.253—2016
255	食品安全国家标准　食品添加剂　刺梧桐胶	GB 1886.254—2016
256	食品安全国家标准　食品添加剂　活性炭	GB 1886.255—2016
257	食品安全国家标准　食品添加剂　甲基纤维素	GB 1886.256—2016
258	食品安全国家标准　食品添加剂　溶菌酶	GB 1886.257—2016
259	食品安全国家标准　食品添加剂　正己烷	GB 1886.258—2016
260	食品安全国家标准　食品添加剂　蔗糖聚丙烯醚	GB 1886.259—2016
261	食品安全国家标准　食品添加剂　橙皮素	GB 1886.260—2016
262	食品安全国家标准　食品添加剂　根皮素	GB 1886.261—2016
263	食品安全国家标准　食品添加剂　柚苷（柚皮甙提取物）	GB 1886.262—2016
264	食品安全国家标准　食品添加剂　玫瑰净油	GB 1886.263—2016
265	食品安全国家标准　食品添加剂　小花茉莉净油	GB 1886.264—2016
266	食品安全国家标准　食品添加剂　桂花净油	GB 1886.265—2016
267	食品安全国家标准　食品添加剂　红茶酊	GB 1886.266—2016
268	食品安全国家标准　食品添加剂　绿茶酊	GB 1886.267—2016
269	食品安全国家标准　食品添加剂　罗汉果酊	GB 1886.268—2016
270	食品安全国家标准　食品添加剂　黄芥末提取物	GB 1886.269—2016
271	食品安全国家标准　食品添加剂　茶树油（又名互叶白千层油）	GB 1886.270—2016
272	食品安全国家标准　食品添加剂　香茅油	GB 1886.271—2016
273	食品安全国家标准　食品添加剂　大蒜油	GB 1886.272—2016
274	食品安全国家标准　食品添加剂　丁香花蕾油	GB 1886.273—2016
275	食品安全国家标准　食品添加剂　杭白菊花油	GB 1886.274—2016
276	食品安全国家标准　食品添加剂　白兰花油	GB 1886.275—2016
277	食品安全国家标准　食品添加剂　白兰叶油	GB 1886.276—2016
278	食品安全国家标准　食品添加剂　树兰花油	GB 1886.277—2016
279	食品安全国家标准　食品添加剂　椒样薄荷油	GB 1886.278—2016
280	食品安全国家标准　食品添加剂　洋茉莉醛（又名胡椒醛）	GB 1886.279—2016

续表

序号	标准名称	标准编号
281	食品安全国家标准　食品添加剂　2- 甲基戊酸乙酯	GB 1886.280—2016
282	食品安全国家标准　食品添加剂　香茅醛	GB 1886.281—2016
283	食品安全国家标准　食品添加剂　麦芽酚	GB 1886.282—2016
284	食品安全国家标准　食品添加剂　乙基香兰素	GB 1886.283—2016
285	食品安全国家标准　食品添加剂　覆盆子酮（又名悬钩子酮）	GB 1886.284—2016
286	食品安全国家标准　食品添加剂　丙酸苄酯	GB 1886.285—2016
287	食品安全国家标准　食品添加剂　丁酸丁酯	GB 1886.286—2016
288	食品安全国家标准　食品添加剂　异戊酸乙酯	GB 1886.287—2016
289	食品安全国家标准　食品添加剂　苯甲酸乙酯	GB 1886.288—2016
290	食品安全国家标准　食品添加剂　苯甲酸苄酯	GB 1886.289—2016
291	食品安全国家标准　食品添加剂　2- 甲基吡嗪	GB 1886.290—2016
292	食品安全国家标准　食品添加剂　2,3- 二甲基吡嗪	GB 1886.291—2016
293	食品安全国家标准　食品添加剂　2,3,5- 三甲基吡嗪	GB 1886.292—2016
294	食品安全国家标准　食品添加剂　5- 羟乙基 -4- 甲基噻唑	GB 1886.293—2016
295	食品安全国家标准　食品添加剂　2- 乙酰基噻唑	GB 1886.294—2016
296	食品安全国家标准　食品添加剂　2,3,5,6- 四甲基吡嗪	GB 1886.295—2016
297	食品安全国家标准　食品添加剂　柠檬酸铁铵	GB 1886.296—2016
298	食品安全国家标准　食品添加剂　聚氧丙烯甘油醚	GB 1886.297—2018
299	食品安全国家标准　食品添加剂　聚氧丙烯氧化乙烯甘油醚	GB 1886.298—2018
300	食品安全国家标准　食品添加剂　冰结构蛋白	GB 1886.299—2018
301	食品安全国家标准　食品添加剂　离子交换树脂	GB 1886.300—2018
302	食品安全国家标准　食品添加剂　半乳甘露聚糖	GB 1886.301—2018
303	食品安全国家标准　食品添加剂　聚乙二醇	GB 1886.302—2021
304	食品安全国家标准　食品添加剂　食用单宁	GB 1886.303—2021
305	食品安全国家标准　食品添加剂　磷酸（湿法）	GB 1886.304—2020
306	食品安全国家标准　食品添加剂　D- 木糖	GB 1886.305—2020
307	食品安全国家标准　食品添加剂　谷氨酸钠	GB 1886.306—2020
308	食品安全国家标准　食品添加剂　叶绿素铜钾盐	GB 1886.307—2020
309	食品安全国家标准　食品添加剂　海藻酸钙（又名褐藻酸钙）	GB 1886.308—2020
310	食品安全国家标准　食品添加剂　藻蓝	GB 1886.309—2020
311	食品安全国家标准　食品添加剂　金樱子棕	GB 1886.310—2020
312	食品安全国家标准　食品添加剂　黑加仑红	GB 1886.311—2020
313	食品安全国家标准　食品添加剂　甲壳素	GB 1886.312—2020

续表

序号	标准名称	标准编号
314	食品安全国家标准　食品添加剂　联苯醚（又名二苯醚）	GB 1886.313—2020
315	食品安全国家标准　食品添加剂　乙二胺四乙酸二钠钙	GB 1886.314—2020
316	食品安全国家标准　食品添加剂　胭脂虫红及其铝色淀	GB 1886.315—2021
317	食品安全国家标准　食品添加剂　胭脂树橙	GB 1886.316—2021
318	食品安全国家标准　食品添加剂　*β*- 胡萝卜素（盐藻来源）	GB 1886.317—2021
319	食品安全国家标准　食品添加剂　玉米黄	GB 1886.318—2021
320	食品安全国家标准　食品添加剂　沙棘黄	GB 1886.319—2021
321	食品安全国家标准　食品添加剂　葡萄糖酸钠	GB 1886.320—2021
322	食品安全国家标准　食品添加剂　索马甜	GB 1886.321—2021
323	食品安全国家标准　食品添加剂　可溶性大豆多糖	GB 1886.322—2021
324	食品安全国家标准　食品添加剂　花生衣红	GB 1886.323—2021
325	食品安全国家标准　食品添加剂　偏酒石酸	GB 1886.324—2021
326	食品安全国家标准　食品添加剂　聚偏磷酸钾	GB 1886.325—2021
327	食品安全国家标准　食品添加剂　酸式焦磷酸钙	GB 1886.326—2021
328	食品安全国家标准　食品添加剂　磷酸三钾	GB 1886.327—2021
329	食品安全国家标准　食品添加剂　焦磷酸二氢二钠	GB 1886.328—2021
330	食品安全国家标准　食品添加剂　磷酸氢二钠	GB 1886.329—2021
331	食品安全国家标准　食品添加剂　磷酸二氢铵	GB 1886.330—2021
332	食品安全国家标准　食品添加剂　磷酸氢二铵	GB 1886.331—2021
333	食品安全国家标准　食品添加剂　磷酸三钙	GB 1886.332—2021
334	食品安全国家标准　食品添加剂　磷酸二氢钙	GB 1886.333—2021
335	食品安全国家标准　食品添加剂　磷酸氢二钾	GB 1886.334—2021
336	食品安全国家标准　食品添加剂　三聚磷酸钠	GB 1886.335—2021
337	食品安全国家标准　食品添加剂　磷酸二氢钠	GB 1886.336—2021
338	食品安全国家标准　食品添加剂　磷酸二氢钾	GB 1886.337—2021
339	食品安全国家标准　食品添加剂　磷酸三钠	GB 1886.338—2021
340	食品安全国家标准　食品添加剂　焦磷酸钠	GB 1886.339—2021
341	食品安全国家标准　食品添加剂　焦磷酸四钾	GB 1886.340—2021
342	食品安全国家标准　食品添加剂　二氧化钛	GB 1886.341—2021
343	食品安全国家标准　食品添加剂　硫酸铝铵	GB 1886.342—2021
344	食品安全国家标准　食品添加剂　L- 苏氨酸	GB 1886.343—2021
345	食品安全国家标准　食品添加剂　DL- 丙氨酸	GB 1886.344—2021
346	食品安全国家标准　食品添加剂　桑椹红	GB 1886.345—2021

续表

序号	标准名称	标准编号
347	食品安全国家标准　食品添加剂　柑橘黄	GB 1886.346—2021
348	食品安全国家标准　食品添加剂　4- 氨基 -5,6- 二甲基噻吩并 [2,3-d] 嘧啶 -2（1*H*）- 酮盐酸盐	GB 1886.347—2021
349	食品安全国家标准　食品添加剂　焦磷酸一氢三钠	GB 1886.348—2021
350	食品安全国家标准　食品添加剂　茶多酚棕榈酸酯	GB 1886.360—2022
351	食品安全国家标准　食品添加剂　叶绿素铜	GB 1886.361—2022
352	食品安全国家标准　食品添加剂　ε- 聚赖氨酸	GB 1886.362—2022
353	食品安全国家标准　食品添加剂　植物活性炭（稻壳来源）	GB 1886.363—2022
354	食品安全国家标准　食品添加剂　越橘红	GB 1886.364—2022
355	食品安全国家标准　食品添加剂　碳酸氢铵	GB 1888—2014
356	食品安全国家标准　食品添加剂　二丁基羟基甲苯（BHT）	GB 1900—2010
357	食品安全国家标准　食品添加剂　硫磺	GB 3150—2010
358	食品安全国家标准　食品添加剂　苋菜红	GB 4479.1—2010
359	食品安全国家标准　食品添加剂　柠檬黄	GB 4481.1—2010
360	食品安全国家标准　食品添加剂　柠檬黄铝色淀	GB 4481.2—2010
361	食品安全国家标准　食品添加剂　日落黄	GB 6227.1—2010
362	食品安全国家标准　食品添加剂　明胶	GB 6783—2013
363	食品安全国家标准　食品添加剂　葡萄糖酸 -δ- 内酯	GB 7657—2020
364	食品安全国家标准　食品添加剂　栀子黄	GB 7912—2010
365	食品安全国家标准　食品添加剂　甜菊糖苷	GB 1886.355—2022
366	食品安全国家标准　食品添加剂　葡萄糖酸锌	GB 8820—2010
367	食品安全国家标准　食品添加剂　β- 胡萝卜素	GB 1886.366—2023
368	食品安全国家标准　食品添加剂　松香甘油酯和氢化松香甘油酯	GB 10287—2012
369	食品安全国家标准　食品添加剂　山梨醇酐单硬脂酸酯（司盘 60）	GB 13481—2011
370	食品安全国家标准　食品添加剂　山梨醇酐单油酸酯（司盘 80）	GB 13482—2011
371	食品安全国家标准　食品添加剂　维生素 A	GB 14750—2010
372	食品安全国家标准　食品添加剂　维生素 B_1（盐酸硫胺）	GB 14751—2010
373	食品安全国家标准　食品添加剂　维生素 B_2（核黄素）	GB 14752—2010
374	食品安全国家标准　食品添加剂　维生素 B_6（盐酸吡哆醇）	GB 14753—2010
375	食品安全国家标准　食品添加剂　维生素 C（抗坏血酸）	GB 14754—2010
376	食品安全国家标准　食品添加剂　维生素 D_2（麦角钙化醇）	GB 14755—2010
377	食品安全国家标准　食品添加剂　维生素 E（*dl*-α- 醋酸生育酚）	GB 14756—2010
378	食品安全国家标准　食品添加剂　烟酸	GB 14757—2010

续表

序号	标准名称	标准编号
379	食品安全国家标准　食品添加剂　咖啡因	GB 14758—2010
380	食品安全国家标准　食品添加剂　牛磺酸	GB 14759—2010
381	食品安全国家标准　食品添加剂　新红	GB 14888.1—2010
382	食品安全国家标准　食品添加剂　新红铝色淀	GB 14888.2—2010
383	食品安全国家标准　食品添加剂　硅藻土	GB 14936—2012
384	食品安全国家标准　食品添加剂　叶酸	GB 15570—2010
385	食品安全国家标准　食品添加剂　葡萄糖酸钙	GB 15571—2010
386	食品安全国家标准　食品添加剂　赤藓红	GB 17512.1—2010
387	食品安全国家标准　食品添加剂　赤藓红铝色淀	GB 17512.2—2010
388	食品安全国家标准　食品添加剂　*L*- 苏糖酸钙	GB 17779—2010
389	食品安全国家标准　食品添加剂　过氧化氢	GB 22216—2020
390	食品安全国家标准　食品添加剂　三氯蔗糖	GB 25531—2010
391	食品安全国家标准　食品添加剂　纳他霉素	GB 25532—2010
392	食品安全国家标准　食品添加剂　果胶	GB 25533—2010
393	食品安全国家标准　食品添加剂　红米红	GB 25534—2010
394	食品安全国家标准　食品添加剂　结冷胶	GB 25535—2010
395	食品安全国家标准　食品添加剂　萝卜红	GB 25536—2010
396	食品安全国家标准　食品添加剂　乳酸钠（溶液）	GB 25537—2010
397	食品安全国家标准　食品添加剂　双乙酸钠	GB 25538—2010
398	食品安全国家标准　食品添加剂　双乙酰酒石酸单双甘油酯	GB 25539—2010
399	食品安全国家标准　食品添加剂　乙酰磺胺酸钾	GB 25540—2010
400	食品安全国家标准　食品添加剂　聚葡萄糖	GB 25541—2010
401	食品安全国家标准　食品添加剂　甘氨酸（氨基乙酸）	GB 25542—2010
402	食品安全国家标准　食品添加剂　*L*- 丙氨酸	GB 25543—2010
403	食品安全国家标准　食品添加剂　*DL*- 苹果酸	GB 25544—2010
404	食品安全国家标准　食品添加剂　*L*（+）- 酒石酸	GB 25545—2010
405	食品安全国家标准　食品添加剂　富马酸	GB 25546—2010
406	食品安全国家标准　食品添加剂　脱氢乙酸钠	GB 25547—2010
407	食品安全国家标准　食品添加剂　丙酸钙	GB 1886.356—2022
408	食品安全国家标准　食品添加剂　丙酸钠	GB 25549—2010
409	食品安全国家标准　食品添加剂　山梨醇酐单月桂酸酯（司盘 20）	GB 25551—2010
410	食品安全国家标准　食品添加剂　山梨醇酐单棕榈酸酯（司盘 40）	GB 25552—2010

续表

序号	标准名称	标准编号
411	食品安全国家标准　食品添加剂　聚氧乙烯（20）山梨醇酐单硬脂酸酯（吐温　60）	GB 25553—2010
412	食品安全国家标准　食品添加剂　聚氧乙烯（20）山梨醇酐单油酸酯（吐温　80）	GB 25554—2010
413	食品安全国家标准　食品添加剂　L- 乳酸钙	GB 25555—2010
414	食品安全国家标准　食品添加剂　酒石酸氢钾	GB 25556—2010
415	食品安全国家标准　食品添加剂　焦亚硫酸钾	GB 25570—2010
416	食品安全国家标准　食品添加剂　活性白土	GB 25571—2011
417	食品安全国家标准　食品添加剂　氢氧化钙	GB 25572—2010
418	食品安全国家标准　食品添加剂　过氧化钙	GB 25573—2010
419	食品安全国家标准　食品添加剂　次氯酸钠	GB 25574—2010
420	食品安全国家标准　食品添加剂　氢氧化钾	GB 25575—2010
421	食品安全国家标准　食品添加剂　二氧化硅	GB 25576—2020
422	食品安全国家标准　食品添加剂　硫酸锌	GB 25579—2010
423	食品安全国家标准　食品添加剂　亚铁氰化钾（黄血盐钾）	GB 25581—2010
424	食品安全国家标准　食品添加剂　硅酸钙铝	GB 25582—2010
425	食品安全国家标准　食品添加剂　硅铝酸钠	GB 25583—2010
426	食品安全国家标准　食品添加剂　氯化镁	GB 25584—2010
427	食品安全国家标准　食品添加剂　氯化钾	GB 25585—2010
428	食品安全国家标准　食品添加剂　碳酸氢三钠（倍半碳酸钠）	GB 25586—2010
429	食品安全国家标准　食品添加剂　碳酸镁	GB 25587—2010
430	食品安全国家标准　食品添加剂　碳酸钾	GB 25588—2010
431	食品安全国家标准　食品添加剂　亚硫酸氢钠	GB 25590—2010
432	食品安全国家标准　食品添加剂　*N*,2,3- 三甲基 -2- 异丙基丁酰胺	GB 25593—2010
433	食品安全国家标准　食品添加剂　二十二碳六烯酸油脂（发酵法）	GB 26400—2011
434	食品安全国家标准　食品添加剂　花生四烯酸油脂（发酵法）	GB 26401—2011
435	食品安全国家标准　食品添加剂　碘酸钾	GB 26402—2011
436	食品安全国家标准　食品添加剂　特丁基对苯二酚	GB 26403—2011
437	食品安全国家标准　食品添加剂　赤藓糖醇	GB 26404—2011
438	食品安全国家标准　食品添加剂　叶黄素	GB 26405—2011
439	食品安全国家标准　食品添加剂　叶绿素铜钠盐	GB 26406—2011
440	食品安全国家标准　食品添加剂　核黄素 5′- 磷酸钠	GB 28301—2012
441	食品安全国家标准　食品添加剂　辛，癸酸甘油酯	GB 28302—2012

续表

序号	标准名称	标准编号
442	食品安全国家标准　食品添加剂　辛烯基琥珀酸淀粉钠	GB 1886.370—2023
443	食品安全国家标准　食品添加剂　可得然胶	GB 28304—2012
444	食品安全国家标准　食品添加剂　乳酸钾	GB 28305—2012
445	食品安全国家标准　食品添加剂　L- 精氨酸	GB 28306—2012
446	食品安全国家标准　食品添加剂　麦芽糖醇和麦芽糖醇液	GB 28307—2012
447	食品安全国家标准　食品添加剂　植物炭黑	GB 28308—2012
448	食品安全国家标准　食品添加剂　酸性红（偶氮玉红）	GB 28309—2012
449	食品安全国家标准　食品添加剂　β- 胡萝卜素（发酵法）	GB 28310—2012
450	食品安全国家标准　食品添加剂　栀子蓝	GB 28311—2012
451	食品安全国家标准　食品添加剂　玫瑰茄红	GB 28312—2012
452	食品安全国家标准　食品添加剂　葡萄皮红	GB 28313—2012
453	食品安全国家标准　食品添加剂　辣椒油树脂	GB 28314—2012
454	食品安全国家标准　食品添加剂　紫草红	GB 28315—2012
455	食品安全国家标准　食品添加剂　番茄红	GB 28316—2012
456	食品安全国家标准　食品添加剂　靛蓝	GB 28317—2012
457	食品安全国家标准　食品添加剂　靛蓝铝色淀	GB 1886.357—2022
458	食品安全国家标准　食品添加剂　庚酸烯丙酯	GB 28319—2012
459	食品安全国家标准　食品添加剂　苯甲醛	GB 28320—2012
460	食品安全国家标准　食品添加剂　十二酸乙酯（月桂酸乙酯）	GB 28321—2012
461	食品安全国家标准　食品添加剂　十四酸乙酯（肉豆蔻酸乙酯）	GB 28322—2012
462	食品安全国家标准　食品添加剂　乙酸香茅酯	GB 28323—2012
463	食品安全国家标准　食品添加剂　丁酸香叶酯	GB 28324—2012
464	食品安全国家标准　食品添加剂　乙酸丁酯	GB 28325—2012
465	食品安全国家标准　食品添加剂　乙酸己酯	GB 28326—2012
466	食品安全国家标准　食品添加剂　乙酸辛酯	GB 28327—2012
467	食品安全国家标准　食品添加剂　乙酸癸酯	GB 28328—2012
468	食品安全国家标准　食品添加剂　顺式 -3- 己烯醇乙酸酯（乙酸叶醇酯）	GB 28329—2012
469	食品安全国家标准　食品添加剂　乙酸异丁酯	GB 28330—2012
470	食品安全国家标准　食品添加剂　丁酸戊酯	GB 28331—2012
471	食品安全国家标准　食品添加剂　丁酸己酯	GB 28332—2012
472	食品安全国家标准　食品添加剂　顺式 -3- 己烯醇丁酸酯（丁酸叶醇酯）	GB 28333—2012

续表

序号	标准名称	标准编号
473	食品安全国家标准　食品添加剂　顺式 -3- 己烯醇己酸酯（己酸叶醇酯）	GB 28334—2012
474	食品安全国家标准　食品添加剂　2- 甲基丁酸乙酯	GB 28335—2012
475	食品安全国家标准　食品添加剂　2- 甲基丁酸	GB 28336—2012
476	食品安全国家标准　食品添加剂　乙酸薄荷酯	GB 28337—2012
477	食品安全国家标准　食品添加剂　乳酸　l- 薄荷酯	GB 28338—2012
478	食品安全国家标准　食品添加剂　二甲基硫醚	GB 28339—2012
479	食品安全国家标准　食品添加剂　3- 甲硫基丙醇	GB 28340—2012
480	食品安全国家标准　食品添加剂　3- 甲硫基丙醛	GB 28341—2012
481	食品安全国家标准　食品添加剂　3- 甲硫基丙酸甲酯	GB 28342—2012
482	食品安全国家标准　食品添加剂　3- 甲硫基丙酸乙酯	GB 28343—2012
483	食品安全国家标准　食品添加剂　乙酰乙酸乙酯	GB 28344—2012
484	食品安全国家标准　食品添加剂　乙酸肉桂酯	GB 28345—2012
485	食品安全国家标准　食品添加剂　肉桂醛	GB 28346—2012
486	食品安全国家标准　食品添加剂　肉桂酸	GB 28347—2012
487	食品安全国家标准　食品添加剂　肉桂酸甲酯	GB 28348—2012
488	食品安全国家标准　食品添加剂　肉桂酸乙酯	GB 28349—2012
489	食品安全国家标准　食品添加剂　肉桂酸苯乙酯	GB 28350—2012
490	食品安全国家标准　食品添加剂　5- 甲基糠醛	GB 28351—2012
491	食品安全国家标准　食品添加剂　苯甲酸甲酯	GB 28352—2012
492	食品安全国家标准　食品添加剂　茴香醇	GB 28353—2012
493	食品安全国家标准　食品添加剂　大茴香醛	GB 28354—2012
494	食品安全国家标准　食品添加剂　水杨酸甲酯（柳酸甲酯）	GB 28355—2012
495	食品安全国家标准　食品添加剂　水杨酸乙酯（柳酸乙酯）	GB 28356—2012
496	食品安全国家标准　食品添加剂　水杨酸异戊酯（柳酸异戊酯）	GB 28357—2012
497	食品安全国家标准　食品添加剂　丁酰乳酸丁酯	GB 28358—2012
498	食品安全国家标准　食品添加剂　乙酸苯乙酯	GB 28359—2012
499	食品安全国家标准　食品添加剂　苯乙酸苯乙酯	GB 28360—2012
500	食品安全国家标准　食品添加剂　苯乙酸乙酯	GB 28361—2012
501	食品安全国家标准　食品添加剂　苯氧乙酸烯丙酯	GB 28362—2012
502	食品安全国家标准　食品添加剂　二氢香豆素	GB 28363—2012
503	食品安全国家标准　食品添加剂　2- 甲基 -2- 戊烯酸（草莓酸）	GB 28364—2012

续表

序号	标准名称	标准编号
504	食品安全国家标准　食品添加剂　4-羟基-2,5-二甲基-3（2*H*）呋喃酮	GB 28365—2012
505	食品安全国家标准　食品添加剂　2-乙基-4-羟基-5-甲基-3（2*H*）-呋喃酮	GB 28366—2012
506	食品安全国家标准　食品添加剂　4-羟基-5-甲基-3（2*H*）呋喃酮	GB 28367—2012
507	食品安全国家标准　食品添加剂　2,3-戊二酮	GB 28368—2012
508	食品安全国家标准　食品添加剂　磷脂	GB 1886.358—2022
509	食品安全国家标准　食品添加剂　普鲁兰多糖	GB 28402—2012
510	食品安全国家标准　食品添加剂　瓜尔胶	GB 28403—2012
511	食品安全国家标准　食品添加剂　氨水及液氨	GB 29201—2020
512	食品安全国家标准　食品添加剂　氮气	GB 29202—2012
513	食品安全国家标准　食品添加剂　碘化钾	GB 29203—2012
514	食品安全国家标准　食品添加剂　硅胶	GB 29204—2012
515	食品安全国家标准　食品添加剂　硫酸	GB 29205—2012
516	食品安全国家标准　食品添加剂　硫酸铵	GB 29206—2012
517	食品安全国家标准　食品添加剂　硫酸镁	GB 29207—2012
518	食品安全国家标准　食品添加剂　硫酸锰	GB 29208—2012
519	食品安全国家标准　食品添加剂　硫酸钠	GB 29209—2012
520	食品安全国家标准　食品添加剂　硫酸铜	GB 29210—2012
521	食品安全国家标准　食品添加剂　硫酸亚铁	GB 29211—2012
522	食品安全国家标准　食品添加剂　羰基铁粉	GB 29212—2012
523	食品安全国家标准　食品添加剂　硝酸钾	GB 29213—2012
524	食品安全国家标准　食品添加剂　亚铁氰化钠	GB 29214—2012
525	食品安全国家标准　食品添加剂　植物活性炭（木质活性炭）	GB 29215—2012
526	食品安全国家标准　食品添加剂　丙二醇	GB 29216—2012
527	食品安全国家标准　食品添加剂　环己基氨基磺酸钙	GB 29217—2012
528	食品安全国家标准　食品添加剂　甲醇	GB 29218—2012
529	食品安全国家标准　食品添加剂　山梨醇酐三硬脂酸酯（司盘65）	GB 29220—2012
530	食品安全国家标准　食品添加剂　聚氧乙烯（20）山梨醇酐单月桂酸酯（吐温20）	GB 29221—2012
531	食品安全国家标准　食品添加剂　聚氧乙烯（20）山梨醇酐单棕榈酸酯（吐温40）	GB 29222—2012
532	食品安全国家标准　食品添加剂　脱氢乙酸	GB 29223—2012

续表

序号	标准名称	标准编号
533	食品安全国家标准　食品添加剂　凹凸棒粘土	GB 29225—2012
534	食品安全国家标准　食品添加剂　天门冬氨酸钙	GB 29226—2012
535	食品安全国家标准　食品添加剂　丙酮	GB 29227—2012
536	食品安全国家标准　食品添加剂　醋酸酯淀粉	GB 29925—2013
537	食品安全国家标准　食品添加剂　磷酸酯双淀粉	GB 29926—2013
538	食品安全国家标准　食品添加剂　氧化淀粉	GB 29927—2013
539	食品安全国家标准　食品添加剂　酸处理淀粉	GB 29928—2013
540	食品安全国家标准　食品添加剂　乙酰化二淀粉磷酸酯	GB 29929—2013
541	食品安全国家标准　食品添加剂　羟丙基淀粉	GB 29930—2013
542	食品安全国家标准　食品添加剂　羟丙基二淀粉磷酸酯	GB 29931—2013
543	食品安全国家标准　食品添加剂　乙酰化双淀粉己二酸酯	GB 29932—2013
544	食品安全国家标准　食品添加剂　氧化羟丙基淀粉	GB 29933—2013
545	食品安全国家标准　食品添加剂　辛烯基琥珀酸铝淀粉	GB 29934—2013
546	食品安全国家标准　食品添加剂　磷酸化二淀粉磷酸酯	GB 29935—2013
547	食品安全国家标准　食品添加剂　淀粉磷酸酯钠	GB 29936—2013
548	食品安全国家标准　食品添加剂　羧甲基淀粉钠	GB 29937—2013
549	食品安全国家标准　食品添加剂　琥珀酸二钠	GB 29939—2013
550	食品安全国家标准　食品添加剂　柠檬酸亚锡二钠	GB 29940—2013
551	食品安全国家标准　食品添加剂　脱乙酰甲壳素（壳聚糖）	GB 29941—2013
552	食品安全国家标准　食品添加剂　维生素 E（*dl*-*α*- 生育酚）	GB 29942—2013
553	食品安全国家标准　食品添加剂　棕榈酸视黄酯（棕榈酸维生素 A）	GB 29943—2013
554	食品安全国家标准　食品添加剂　*N*-[*N*-（3,3- 二甲基丁基）]-L-*α*-天门冬氨 -L- 苯丙氨酸 1- 甲酯（纽甜）	GB 29944—2013
555	食品安全国家标准　食品添加剂　槐豆胶（刺槐豆胶）	GB 29945—2013
556	食品安全国家标准　食品添加剂　纤维素	GB 29946—2013
557	食品安全国家标准　食品添加剂　聚丙烯酸钠	GB 29948—2013
558	食品安全国家标准　食品添加剂　阿拉伯胶	GB 29949—2013
559	食品安全国家标准　食品添加剂　甘油	GB 29950—2013
560	食品安全国家标准　食品添加剂　柠檬酸脂肪酸甘油酯	GB 29951—2013
561	食品安全国家标准　食品添加剂　*γ*- 辛内酯	GB 29952—2013
562	食品安全国家标准　食品添加剂　*δ*- 辛内酯	GB 29953—2013
563	食品安全国家标准　食品添加剂　*δ*- 壬内酯	GB 29954—2013
564	食品安全国家标准　食品添加剂　*δ*- 十一内酯	GB 29955—2013

续表

序号	标准名称	标准编号
565	食品安全国家标准　食品添加剂　δ- 突厥酮	GB 29956—2013
566	食品安全国家标准　食品添加剂　二氢 -β- 紫罗兰酮	GB 29957—2013
567	食品安全国家标准　食品添加剂　*l*- 薄荷醇丙二醇碳酸酯	GB 29958—2013
568	食品安全国家标准　食品添加剂　*d,l*- 薄荷酮甘油缩酮	GB 29959—2013
569	食品安全国家标准　食品添加剂　二烯丙基硫醚	GB 29960—2013
570	食品安全国家标准　食品添加剂　4,5- 二氢 -3（2*H*）噻吩酮（四氢噻吩 -3- 酮）	GB 29961—2013
571	食品安全国家标准　食品添加剂　2- 巯基 -3- 丁醇	GB 29962—2013
572	食品安全国家标准　食品添加剂　3- 巯基 -2- 丁酮（3- 巯基 - 丁 -2- 酮）	GB 29963—2013
573	食品安全国家标准　食品添加剂　二甲基二硫醚	GB 29964—2013
574	食品安全国家标准　食品添加剂　二丙基二硫醚	GB 29965—2013
575	食品安全国家标准　食品添加剂　烯丙基二硫醚	GB 29966—2013
576	食品安全国家标准　食品添加剂　柠檬酸三乙酯	GB 29967—2013
577	食品安全国家标准　食品添加剂　肉桂酸苄酯	GB 29968—2013
578	食品安全国家标准　食品添加剂　肉桂酸肉桂酯	GB 29969—2013
579	食品安全国家标准　食品添加剂　2,5- 二甲基吡嗪	GB 29970—2013
580	食品安全国家标准　食品添加剂　苯甲醛丙二醇缩醛	GB 29971—2013
581	食品安全国家标准　食品添加剂　乙醛二乙缩醛	GB 29972—2013
582	食品安全国家标准　食品添加剂　2- 异丙基 -4- 甲基噻唑	GB 29973—2013
583	食品安全国家标准　食品添加剂　糠基硫醇（咖啡醛）	GB 29974—2013
584	食品安全国家标准　食品添加剂　二糠基二硫醚	GB 29975—2013
585	食品安全国家标准　食品添加剂　1- 辛烯 -3- 醇	GB 29976—2013
586	食品安全国家标准　食品添加剂　2- 乙酰基吡咯	GB 29977—2013
587	食品安全国家标准　食品添加剂　2- 己烯醛（叶醛）	GB 29978—2013
588	食品安全国家标准　食品添加剂　氧化芳樟醇	GB 29979—2013
589	食品安全国家标准　食品添加剂　异硫氰酸烯丙酯	GB 29980—2013
590	食品安全国家标准　食品添加剂　*N*- 乙基 -2- 异丙基 -5- 甲基 - 环己烷甲酰胺	GB 29981—2013
591	食品安全国家标准　食品添加剂　δ- 己内酯	GB 29982—2013
592	食品安全国家标准　食品添加剂　δ- 十四内酯	GB 29983—2013
593	食品安全国家标准　食品添加剂　四氢芳樟醇	GB 29984—2013
594	食品安全国家标准　食品添加剂　叶醇（顺式 -3- 己烯 -1- 醇）	GB 29985—2013

续表

序号	标准名称	标准编号
595	食品安全国家标准　食品添加剂　6- 甲基 -5- 庚烯 -2- 酮	GB 29986—2013
596	食品安全国家标准　食品添加剂　胶基及其配料	GB 1886.359—2022
597	食品安全国家标准　食品添加剂　海藻酸钾（褐藻酸钾）	GB 29988—2013
598	食品安全国家标准　食品添加剂　对羟基苯甲酸甲酯钠	GB 30601—2014
599	食品安全国家标准　食品添加剂　对羟基苯甲酸乙酯钠	GB 30602—2014
600	食品安全国家标准　食品添加剂　乙酸钠	GB 30603—2014
601	食品安全国家标准　食品添加剂　甘氨酸钙	GB 30605—2014
602	食品安全国家标准　食品添加剂　甘氨酸亚铁	GB 30606—2014
603	食品安全国家标准　食品添加剂　酶解大豆磷脂	GB 30607—2014
604	食品安全国家标准　食品添加剂　DL- 苹果酸钠	GB 30608—2014
605	食品安全国家标准　食品添加剂　聚氧乙烯聚氧丙烯季戊四醇醚	GB 30609—2014
606	食品安全国家标准　食品添加剂　乙醇	GB 30610—2014
607	食品安全国家标准　食品添加剂　异丙醇	GB 30611—2014
608	食品安全国家标准　食品添加剂　聚二甲基硅氧烷及其乳液	GB 30612—2014
609	食品安全国家标准　食品添加剂　氧化钙	GB 30614—2014
610	食品安全国家标准　食品添加剂　竹叶抗氧化物	GB 30615—2014
611	食品安全国家标准　食品添加剂　决明胶	GB 31619—2014
612	食品安全国家标准　食品添加剂　β- 阿朴 -8′- 胡萝卜素醛	GB 31620—2014
613	食品安全国家标准　食品添加剂　杨梅红	GB 31622—2014
614	食品安全国家标准　食品添加剂　硬脂酸钾	GB 31623—2014
615	食品安全国家标准　食品添加剂　天然胡萝卜素	GB 31624—2014
616	食品安全国家标准　食品添加剂　二氢茉莉酮酸甲酯	GB 31625—2014
617	食品安全国家标准　食品添加剂　水杨酸苄酯（柳酸苄酯）	GB 31626—2014
618	食品安全国家标准　食品添加剂　香芹酚	GB 31627—2014
619	食品安全国家标准　食品添加剂　高岭土	GB 31628—2014
620	食品安全国家标准　食品添加剂　聚丙烯酰胺	GB 31629—2014
621	食品安全国家标准　食品添加剂　聚乙烯醇	GB 31630—2014
622	食品安全国家标准　食品添加剂　氯化铵	GB 31631—2014
623	食品安全国家标准　食品添加剂　镍	GB 31632—2014
624	食品安全国家标准　食品添加剂　氢气	GB 31633—2014
625	食品安全国家标准　食品添加剂　珍珠岩	GB 31634—2014
626	食品安全国家标准　食品添加剂　聚苯乙烯	GB 31635—2014
627	食品安全国家标准　食品添加剂　γ- 环状糊精	GB 1886.353—2021

续表

序号	标准名称	标准编号
628	食品安全国家标准　食品添加剂　3-[（4-氨基-2,2-二氧-1*H*-2,1,3-苯并噻二嗪-5-基）氧]-2,2-二甲基-*N*-丙基丙酰胺	GB 1886.354—2021
629	食品安全国家标准　食品添加剂　*β*-环状糊精	GB 1886.352—2021
630	食品安全国家标准　食品添加剂　*α*-环状糊精	GB 1886.351—2021
631	食品安全国家标准　食品添加剂　五碳双缩醛（又名戊二醛）	GB 1886.349—2021
632	食品安全国家标准　食品添加剂　氧化亚氮	GB 1886.350—2021
633	食品安全国家标准　食品添加剂　5-甲基-2-呋喃甲硫醇	GB 1886.365—2023
634	食品安全国家标准　食品添加剂　6-甲基辛醛	GB 1886.367—2023
635	食品安全国家标准　食品添加剂　（2S,5R）-*N*-[4-（2-氨基-2-氧代乙基）苯基]-5-甲基-2-（丙基-2-）环已烷甲酰胺	GB 1886.368—2023
636	食品安全国家标准　食品添加剂　蓝锭果红	GB 1886.369—2023
637	食品安全国家标准　食品添加剂　ε-聚赖氨酸盐酸盐	GB 1886.371—2023
638	食品安全国家标准　食品添加剂　L-蛋氨酰基甘氨酸盐酸盐	GB 1886.372—2023
639	食品安全国家标准　食品添加剂　甲醇钠	GB 1886.373—2023
	食品营养强化剂质量规格标准（68项）	
1	食品安全国家标准　食品营养强化剂　5′-尿苷酸二钠	GB 1886.82—2015
2	食品安全国家标准　食品营养强化剂　L-盐酸赖氨酸	GB 1903.1—2015
3	食品安全国家标准　食品营养强化剂　甘氨酸锌	GB 1903.2—2015
4	食品安全国家标准　食品营养强化剂　5′-单磷酸腺苷	GB 1903.3—2015
5	食品安全国家标准　食品营养强化剂　氧化锌	GB 1903.4—2015
6	食品安全国家标准　食品营养强化剂　5′-胞苷酸二钠	GB 1903.5—2016
7	食品安全国家标准　食品营养强化剂　维生素E琥珀酸钙	GB 1903.6—2015
8	食品安全国家标准　食品营养强化剂　葡萄糖酸锰	GB 1903.7—2015
9	食品安全国家标准　食品营养强化剂　葡萄糖酸铜	GB 1903.8—2015
10	食品安全国家标准　食品营养强化剂　亚硒酸钠	GB 1903.9—2015
11	食品安全国家标准　食品营养强化剂　葡萄糖酸亚铁	GB 1903.10—2015
12	食品安全国家标准　食品营养强化剂　乳酸锌	GB 1903.11—2015
13	食品安全国家标准　食品营养强化剂　L-硒-甲基硒代半胱氨酸	GB 1903.12—2015
14	食品安全国家标准　食品营养强化剂　左旋肉碱（L-肉碱）	GB 1903.13—2016
15	食品安全国家标准　食品营养强化剂　柠檬酸钙	GB 1903.14—2016
16	食品安全国家标准　食品营养强化剂　醋酸钙（乙酸钙）	GB 1903.15—2016
17	食品安全国家标准　食品营养强化剂　焦磷酸铁	GB 1903.16—2016
18	食品安全国家标准　食品营养强化剂　乳铁蛋白	GB 1903.17—2016

续表

序号	标准名称	标准编号
19	食品安全国家标准　食品营养强化剂　柠檬酸苹果酸钙	GB 1903.18—2016
20	食品安全国家标准　食品营养强化剂　骨粉	GB 1903.19—2016
21	食品安全国家标准　食品营养强化剂　硝酸硫胺素	GB 1903.20—2016
22	食品安全国家标准　食品营养强化剂　富硒酵母	GB 1903.21—2016
23	食品安全国家标准　食品营养强化剂　富硒食用菌粉	GB 1903.22—2016
24	食品安全国家标准　食品营养强化剂　硒化卡拉胶	GB 1903.23—2016
25	食品安全国家标准　食品营养强化剂　维生素 C 磷酸酯镁	GB 1903.24—2016
26	食品安全国家标准　食品营养强化剂　D- 生物素	GB 1903.25—2016
27	食品安全国家标准　食品营养强化剂　1,3- 二油酸 -2- 棕榈酸甘油三酯	GB 30604—2015
28	食品安全国家标准　食品营养强化剂　酪蛋白磷酸肽	GB 31617—2014
29	食品安全国家标准　食品营养强化剂　棉子糖	GB 31618—2014
30	食品安全国家标准　食品营养强化剂　硒蛋白	GB 1903.28—2018
31	食品安全国家标准　食品营养强化剂　葡萄糖酸镁	GB 1903.29—2018
32	食品安全国家标准　食品营养强化剂　醋酸视黄酯（醋酸维生素 A）	GB 1903.31—2018
33	食品安全国家标准　食品营养强化剂　D- 泛酸钠	GB 1903.32—2018
34	食品安全国家标准　食品营养强化剂　氯化锌	GB 1903.34—2018
35	食品安全国家标准　食品营养强化剂　乙酸锌	GB 1903.35—2018
36	食品安全国家标准　食品营养强化剂　氯化胆碱	GB 1903.36—2018
37	食品安全国家标准　食品营养强化剂　柠檬酸铁	GB 1903.37—2018
38	食品安全国家标准　食品营养强化剂　琥珀酸亚铁	GB 1903.38—2018
39	食品安全国家标准　食品营养强化剂　海藻碘	GB 1903.39—2018
40	食品安全国家标准　食品营养强化剂　葡萄糖酸钾	GB 1903.41—2018
41	食品安全国家标准　食品营养强化剂　肌醇（环己六醇）	GB 1903.42—2020
42	食品安全国家标准　食品营养强化剂　氰钴胺	GB 1903.43—2020
43	食品安全国家标准　食品营养强化剂　羟钴胺	GB 1903.44—2020
44	食品安全国家标准　食品营养强化剂　烟酰胺	GB 1903.45—2020
45	食品安全国家标准　食品营养强化剂　富马酸亚铁	GB 1903.46—2020
46	食品安全国家标准　食品营养强化剂　乳酸亚铁	GB 1903.47—2020
47	食品安全国家标准　食品营养强化剂　磷酸氢镁	GB 1903.48—2020
48	食品安全国家标准　食品营养强化剂　柠檬酸锌	GB 1903.49—2020
49	食品安全国家标准　食品营养强化剂　胆钙化醇（维生素 D_3）	GB 1903.50—2020
50	食品安全国家标准　食品营养强化剂　碘化钠	GB 1903.51—2020

续表

序号	标准名称	标准编号
51	食品安全国家标准　食品营养强化剂　D- 泛酸钙	GB 1903.53—2021
52	食品安全国家标准　食品营养强化剂　酒石酸氢胆碱	GB 1903.54—2021
53	食品安全国家标准　食品营养强化剂　氯化高铁血红素	GB 1903.52—2021
54	食品安全国家标准　食品营养强化剂　L- 抗坏血酸钾	GB 1903.55—2022
55	食品安全国家标准　食品营养强化剂　硒酸钠	GB 1903.56—2022
56	食品安全国家标准　食品营养强化剂　柠檬酸锰	GB 1903.57—2022
57	食品安全国家标准　食品营养强化剂　碳酸锰	GB 1903.58—2022
58	食品安全国家标准　食品营养强化剂　低聚果糖	GB 1903.40—2022
59	食品安全国家标准　食品营养强化剂　多聚果糖	GB 1903.30—2022
60	食品安全国家标准　食品营养强化剂　二十二碳六烯酸油脂（金枪鱼油）	GB 1903.26—2022
61	食品安全国家标准　食品营养强化剂　低聚半乳糖	GB 1903.27—2022
62	食品安全国家标准　食品营养强化剂　5′- 单磷酸胞苷（5′-CMP）	GB 1903.33—2022
63	食品安全国家标准　食品营养强化剂　碳酸铜	GB 1903.61—2023
64	食品安全国家标准　食品营养强化剂　氯化锰	GB 1903.64—2023
65	食品安全国家标准　食品营养强化剂　甘油磷酸钙	GB 1903.63—2023
66	食品安全国家标准　食品营养强化剂　还原铁	GB 1903.62—2023
67	食品安全国家标准　食品营养强化剂　氯化铬	GB 1903.59—2023
68	食品安全国家标准　食品营养强化剂　L- 肉碱酒石酸盐	GB 1903.60—2023
食品相关产品标准（17 项）		
1	食品安全国家标准　洗涤剂	GB 14930.1—2022
2	食品安全国家标准　消毒剂	GB 14930.2—2012
3	食品安全国家标准　食品接触材料及制品迁移试验通则	GB 31604.1—2023
4	食品安全国家标准　食品接触材料及制品通用安全要求	GB 4806.1—2016
5	食品安全国家标准　奶嘴	GB 4806.2—2015
6	食品安全国家标准　搪瓷制品	GB 4806.3—2016
7	食品安全国家标准　陶瓷制品	GB 4806.4—2016
8	食品安全国家标准　玻璃制品	GB 4806.5—2016
9	食品安全国家标准　食品接触用塑料材料及制品	GB 4806.7—2023
10	食品安全国家标准　食品接触用纸和纸板材料及制品	GB 4806.8—2022
11	食品安全国家标准　食品接触用金属材料及制品	GB 4806.9—2023
12	食品安全国家标准　食品接触用涂料及涂层	GB 4806.10—2016
13	食品安全国家标准　食品接触用橡胶材料及制品	GB 4806.11—2023

续表

序号	标准名称	标准编号
14	食品安全国家标准　食品接触用竹木材料及制品	GB 4806.12—2022
15	食品安全国家标准　食品接触用复合材料及制品	GB 4806.13—2023
16	食品安全国家标准　食品接触材料及制品用油墨	GB 4806.14—2023
17	食品安全国家标准　消毒餐（饮）具	GB 14934—2016
生产经营规范标准（36 项）		
1	食品安全国家标准　食品生产通用卫生规范	GB 14881—2013
2	食品安全国家标准　食品经营过程卫生规范	GB 31621—2014
3	食品安全国家标准　乳制品良好生产规范	GB 12693—2023
4	食品安全国家标准　婴幼儿配方食品良好生产规范	GB 23790—2023
5	食品安全国家标准　特殊医学用途配方食品良好生产规范	GB 29923 2023
6	食品安全国家标准　食品接触材料及制品生产通用卫生规范	GB 31603—2015
7	食品安全国家标准　罐头食品生产卫生规范	GB 8950—2016
8	食品安全国家标准　蒸馏酒及其配制酒生产卫生规范	GB 8951—2016
9	食品安全国家标准　啤酒生产卫生规范	GB 8952—2016
10	食品安全国家标准　食醋生产卫生规范	GB 8954—2016
11	食品安全国家标准　食用植物油及其制品生产卫生规范	GB 8955—2016
12	食品安全国家标准　蜜饯生产卫生规范	GB 8956—2016
13	食品安全国家标准　糕点、面包卫生规范	GB 8957—2016
14	食品安全国家标准　畜禽屠宰加工卫生规范	GB 12694—2016
15	食品安全国家标准　饮料生产卫生规范	GB 12695—2016
16	食品安全国家标准　谷物加工卫生规范	GB 13122—2016
17	食品安全国家标准　糖果巧克力生产卫生规范	GB 17403—2016
18	食品安全国家标准　膨化食品生产卫生规范	GB 17404—2016
19	食品安全国家标准　食品辐照加工卫生规范	GB 18524—2016
20	食品安全国家标准　蛋与蛋制品生产卫生规范	GB 21710—2016
21	食品安全国家标准　发酵酒及其配制酒生产卫生规范	GB 12696—2016
22	食品安全国家标准　原粮储运卫生规范	GB 22508—2016
23	食品安全国家标准　水产制品生产卫生规范	GB 20941—2016
24	食品安全国家标准　肉和肉制品经营卫生规范	GB 20799—2016
25	食品安全国家标准　食品冷链物流卫生规范	GB 31605—2020
26	食品安全国家标准　航空食品卫生规范	GB 31641—2016
27	食品安全国家标准　酱油生产卫生规范	GB 8953—2018
28	食品安全国家标准　熟肉制品生产卫生规范	GB 19303—2023

续表

序号	标准名称	标准编号
29	食品安全国家标准　包装饮用水生产卫生规范	GB 19304—2018
30	食品安全国家标准　速冻食品生产和经营卫生规范	GB 31646—2018
31	食品安全国家标准　食品添加剂生产通用卫生规范	GB 31647—2018
32	食品安全国家标准　食品中黄曲霉毒素污染控制规范	GB 31653—2021
33	食品安全国家标准　餐（饮）具集中消毒卫生规范	GB 31651—2021
34	食品安全国家标准　即食鲜切果蔬加工卫生规范	GB 31652—2021
35	食品安全国家标准　餐饮服务通用卫生规范	GB 31654—2021
36	食品安全国家标准　食品加工用菌种制剂生产卫生规范	GB 31612—2023
理化检验方法标准（254 项）		
1	食品安全国家标准　食品相对密度的测定	GB 5009.2—2016
2	食品安全国家标准　食品中水分的测定	GB 5009.3—2016
3	食品安全国家标准　食品中灰分的测定	GB 5009.4—2016
4	食品安全国家标准　食品中蛋白质的测定	GB 5009.5—2016
5	食品安全国家标准　食品中脂肪的测定	GB 5009.6—2016
6	食品安全国家标准　食品中还原糖的测定	GB 5009.7—2016
7	食品安全国家标准　食品中果糖、葡萄糖、蔗糖、麦芽糖、乳糖的测定	GB 5009.8—2023
8	食品安全国家标准　食品中淀粉的测定	GB 5009.9—2023
9	食品安全国家标准　食品中总砷及无机砷的测定	GB 5009.11—2014
10	食品安全国家标准　食品中铅的测定	GB 5009.12—2023
11	食品安全国家标准　食品中铜的测定	GB 5009.13—2017
12	食品安全国家标准　食品中锌的测定	GB 5009.14—2017
13	食品安全国家标准　食品中镉的测定	GB 5009.15—2023
14	食品安全国家标准　食品中锡的测定	GB 5009.16—2023
15	食品安全国家标准　食品中总汞及有机汞的测定	GB 5009.17—2021
16	食品安全国家标准　食品中黄曲霉毒素 B 族和 G 族的测定	GB 5009.22—2016
17	食品安全国家标准　食品中黄曲霉毒素 M 族的测定	GB 5009.24—2016
18	食品安全国家标准　食品中杂色曲霉素的测定	GB 5009.25—2016
19	食品安全国家标准　食品中 *N*- 亚硝胺类化合物的测定	GB 5009.26—2023
20	食品安全国家标准　食品中苯并（a）芘的测定	GB 5009.27—2016
21	食品安全国家标准　食品中苯甲酸、山梨酸和糖精钠的测定	GB 5009.28—2016
22	食品安全国家标准　食品中对羟基苯甲酸酯类的测定	GB 5009.31—2016
23	食品安全国家标准　食品中 9 种抗氧化剂的测定	GB 5009.32—2016

续表

序号	标准名称	标准编号
24	食品安全国家标准　食品中亚硝酸盐与硝酸盐的测定	GB 5009.33—2016
25	食品安全国家标准　食品中二氧化硫的测定	GB 5009.34—2022
26	食品安全国家标准　食品中合成着色剂的测定	GB 5009.35—2023
27	食品安全国家标准　食品中氰化物的测定	GB 5009.36—2023
28	食品安全国家标准　食盐指标的测定	GB 5009.42—2016
29	食品安全国家标准　味精中谷氨酸钠的测定	GB 5009.43—2023
30	食品安全国家标准　食品中氯化物的测定	GB 5009.44—2016
31	食品安全国家标准　食品添加剂中重金属限量试验	GB 5009.74—2014
32	食品安全国家标准　食品添加剂中铅的测定	GB 5009.75—2014
33	食品安全国家标准　食品添加剂中砷的测定	GB 5009.76—2014
34	食品安全国家标准　食品中维生素 A、D、E 的测定	GB 5009.82—2016
35	食品安全国家标准　食品中胡萝卜素的测定	GB 5009.83—2016
36	食品安全国家标准　食品中维生素 B_1 的测定	GB 5009.84—2016
37	食品安全国家标准　食品中维生素 B_2 的测定	GB 5009.85—2016
38	食品安全国家标准　食品中抗坏血酸的测定	GB 5009.86—2016
39	食品安全国家标准　食品中磷的测定	GB 5009.87—2016
40	食品安全国家标准　食品中膳食纤维的测定	GB 5009.88—2023
41	食品安全国家标准　食品中烟酸和烟酰胺的测定	GB 5009.89—2023
42	食品安全国家标准　食品中铁的测定	GB 5009.90—2016
43	食品安全国家标准　食品中钾、钠的测定	GB 5009.91—2017
44	食品安全国家标准　食品中钙的测定	GB 5009.92—2016
45	食品安全国家标准　食品中硒的测定	GB 5009.93—2017
46	食品安全国家标准　植物性食品中稀土元素的测定	GB 5009.94—2012
47	食品安全国家标准　食品中赭曲霉毒素 A 的测定	GB 5009.96—2016
48	食品安全国家标准　食品中环己基氨基磺酸盐的测定	GB 5009.97—2023
49	食品安全国家标准　食品中脱氧雪腐镰刀菌烯醇及其乙酰化衍生物的测定	GB 5009.111—2016
50	食品安全国家标准　食品中 T-2 毒素的测定	GB 5009.118—2016
51	食品安全国家标准　食品中丙酸钠、丙酸钙的测定	GB 5009.120—2016
52	食品安全国家标准　食品中脱氢乙酸的测定	GB 5009.121—2016
53	食品安全国家标准　食品中铬的测定	GB 5009.123—2023
54	食品安全国家标准　食品中氨基酸的测定	GB 5009.124—2016
55	食品安全国家标准　食品中胆固醇的测定	GB 5009.128—2016

续表

序号	标准名称	标准编号
56	食品安全国家标准　食品中乙氧基喹的测定	GB 5009.129—2023
57	食品安全国家标准　食品中锑的测定	GB 5009.137—2016
58	食品安全国家标准　食品中镍的测定	GB 5009.138—2017
59	食品安全国家标准　饮料中咖啡因的测定	GB 5009.139—2014
60	食品安全国家标准　食品中乙酰磺胺酸钾的测定	GB 5009.140—2023
61	食品安全国家标准　植物性食品中游离棉酚的测定	GB 5009.148—2014
62	食品安全国家标准　食品中栀子黄的测定	GB 5009.149—2016
63	食品安全国家标准　食品中红曲色素的测定	GB 5009.150—2016
64	食品安全国家标准　食品中植酸的测定	GB 5009.153—2016
65	食品安全国家标准　食品中维生素 B_6 的测定	GB 5009.154—2023
66	食品安全国家标准　食品接触材料及制品迁移试验预处理方法通则	GB 5009.156—2016
67	食品安全国家标准　食品有机酸的测定	GB 5009.157—2016
68	食品安全国家标准　食品中维生素 K_1 的测定	GB 5009.158—2016
69	食品安全国家标准　食品中脂肪酸的测定	GB 5009.168—2016
70	食品安全国家标准　食品中牛磺酸的测定	GB 5009.169—2016
71	食品安全国家标准　食品中三甲胺的测定	GB 5009.179—2016
72	食品安全国家标准　食品中丙二醛的测定	GB 5009.181—2016
73	食品安全国家标准　食品中铝的测定	GB 5009.182—2017
74	食品安全国家标准　食品中展青霉素的测定	GB 5009.185—2016
75	食品安全国家标准　食品中米酵菌酸的测定	GB 5009.189—2023
76	食品安全国家标准　食品中指示性多氯联苯含量的测定	GB 5009.190—2014
77	食品安全国家标准　食品中氯丙醇及其脂肪酸酯含量的测定	GB 5009.191—2016
78	食品安全国家标准　贝类中失忆性贝类毒素的测定	GB 5009.198—2016
79	食品安全国家标准　食用油中极性组分（PC）的测定	GB 5009.202—2016
80	食品安全国家标准　食品中丙烯酰胺的测定	GB 5009.204—2014
81	食品安全国家标准　食品中二噁英及其类似物毒性当量的测定	GB 5009.205—2013
82	食品安全国家标准　水产品中河豚毒素的测定	GB 5009.206—2016
83	食品安全国家标准　食品中生物胺的测定	GB 5009.208—2016
84	食品安全国家标准　食品中玉米赤霉烯酮的测定	GB 5009.209—2016
85	食品安全国家标准　食品中泛酸的测定	GB 5009.210—2023
86	食品安全国家标准　食品中叶酸的测定	GB 5009.211—2022
87	食品安全国家标准　贝类中腹泻性贝类毒素的测定	GB 5009.212—2016
88	食品安全国家标准　贝类中麻痹性贝类毒素的测定	GB 5009.213—2016

续表

序号	标准名称	标准编号
89	食品安全国家标准　食品中有机锡的测定	GB 5009.215—2016
90	食品安全国家标准　食品中桔青霉素的测定	GB 5009.222—2016
91	食品安全国家标准　食品中氨基甲酸乙酯的测定	GB 5009.223—2014
92	食品安全国家标准　大豆制品中胰蛋白酶抑制剂活性的测定	GB 5009.224—2016
93	食品安全国家标准　酒和食用酒精中乙醇浓度的测定	GB 5009.225—2023
94	食品安全国家标准　食品中过氧化氢残留量的测定	GB 5009.226—2016
95	食品安全国家标准　食品中过氧化值的测定	GB 5009.227—2023
96	食品安全国家标准　食品中挥发性盐基氮的测定	GB 5009.228—2016
97	食品安全国家标准　食品中酸价的测定	GB 5009.229—2016
98	食品安全国家标准　食品中羰基价的测定	GB 5009.230—2016
99	食品安全国家标准　水产品中挥发酚残留量的测定	GB 5009.231—2016
100	食品安全国家标准　水果、蔬菜及其制品中甲酸的测定	GB 5009.232—2016
101	食品安全国家标准　食醋中游离矿酸的测定	GB 5009.233—2016
102	食品安全国家标准　食品中铵盐的测定	GB 5009.234—2016
103	食品安全国家标准　食品中氨基酸态氮的测定	GB 5009.235—2016
104	食品安全国家标准　动植物油脂水分及挥发物的测定	GB 5009.236—2016
105	食品安全国家标准　食品 pH 值的测定	GB 5009.237—2016
106	食品安全国家标准　食品水分活度的测定	GB 5009.238—2016
107	食品安全国家标准　食品酸度的测定	GB 5009.239—2016
108	食品安全国家标准　食品中伏马菌素的测定	GB 5009.240—2023
109	食品安全国家标准　食品中镁的测定	GB 5009.241—2017
110	食品安全国家标准　食品中锰的测定	GB 5009.242—2017
111	食品安全国家标准　高温烹调食品中杂环胺类物质的测定	GB 5009.243—2016
112	食品安全国家标准　食品中二氧化氯的测定	GB 5009.244—2016
113	食品安全国家标准　食品中聚葡萄糖的测定	GB 5009.245—2016
114	食品安全国家标准　食品中二氧化钛的测定	GB 5009.246—2016
115	食品安全国家标准　食品中纽甜的测定	GB 5009.247—2016
116	食品安全国家标准　食品中叶黄素的测定	GB 5009.248—2016
117	食品安全国家标准　铁强化酱油中乙二胺四乙酸铁钠的测定	GB 5009.249—2016
118	食品安全国家标准　食品中乙基麦芽酚的测定	GB 5009.250—2016
119	食品安全国家标准　食品中 1,2- 丙二醇的测定	GB 5009.251—2016
120	食品安全国家标准　食品中乙酰丙酸的测定	GB 5009.252—2016

续表

序号	标准名称	标准编号
121	食品安全国家标准　动物源性食品中全氟辛烷磺酸（PFOS）和全氟辛酸（PFOA）的测定	GB 5009.253—2016
122	食品安全国家标准　动植物油脂中聚二甲基硅氧烷的测定	GB 5009.254—2016
123	食品安全国家标准　食品中果聚糖的测定	GB 5009.255—2016
124	食品安全国家标准　食品中多种磷酸盐的测定	GB 5009.256—2016
125	食品安全国家标准　食品中反式脂肪酸的测定	GB 5009.257—2016
126	食品安全国家标准　食品中棉子糖的测定	GB 5009.258—2016
127	食品安全国家标准　食品中生物素的测定	GB 5009.259—2023
128	食品安全国家标准　食品中叶绿素铜钠的测定	GB 5009.260—2016
129	食品安全国家标准　贝类中神经性贝类毒素的测定	GB 5009.261—2016
130	食品安全国家标准　食品中溶剂残留量的测定	GB 5009.262—2016
131	食品安全国家标准　食品中阿斯巴甜和阿力甜的测定	GB 5009. 263—2016
132	食品安全国家标准　食品中乙酸苄酯的测定	GB 5009.264—2016
133	食品安全国家标准　食品中多环芳烃的测定	GB 5009.265—2021
134	食品安全国家标准　食品中甲醇的测定	GB 5009.266—2016
135	食品安全国家标准　食品中碘的测定	GB 5009.267—2020
136	食品安全国家标准　食品中多元素的测定	GB 5009.268—2016
137	食品安全国家标准　食品中滑石粉的测定	GB 5009.269—2016
138	食品安全国家标准　食品中肌醇的测定	GB 5009.270—2023
139	食品安全国家标准　食品中邻苯二甲酸酯的测定	GB 5009.271—2016
140	食品安全国家标准　食品中磷脂酰胆碱、磷脂酰乙醇胺、磷脂酰肌醇的测定	GB 5009.272—2016
141	食品安全国家标准　水产品中微囊藻毒素的测定	GB 5009.273—2016
142	食品安全国家标准　水产品中西加毒素的测定	GB 5009.274—2016
143	食品安全国家标准　食品中硼酸的测定	GB 5009.275—2016
144	食品安全国家标准　食品中葡萄糖酸 -δ- 内酯的测定	GB 5009.276—2016
145	食品安全国家标准　食品中双乙酸钠的测定	GB 5009.277—2016
146	食品安全国家标准　食品中乙二胺四乙酸盐的测定	GB 5009.278—2016
147	食品安全国家标准　食品中木糖醇、山梨醇、麦芽糖醇、赤藓糖醇的测定	GB 5009.279—2016
148	食品安全国家标准　食品中 4- 己基间苯二酚残留量的测定	GB 5009.280—2020
149	食品安全国家标准　食品中肉桂醛残留量的测定	GB 5009.281—2020

续表

序号	标准名称	标准编号
150	食品安全国家标准　食品中 1- 甲基咪唑，2- 甲基咪唑及 4- 甲基咪唑的测定	GB 5009.282—2020
151	食品安全国家标准　食品中胭脂虫红的测定	GB 5009.288—2023
152	食品安全国家标准　食品中低聚半乳糖的测定	GB 5009.289—2023
153	食品安全国家标准　食品中维生素 K_2 的测定	GB 5009.290—2023
154	食品安全国家标准　食品中氯酸盐和高氯酸盐的测定	GB 5009.291—2023
155	食品安全国家标准　食品中 β- 阿朴 -8′- 胡萝卜素醛的测定	GB 5009.292—2023
156	食品安全国家标准　食品中单辛酸甘油酯的测定	GB 5009.293—2023
157	食品安全国家标准　食品中色氨酸的测定	GB 5009.294—2023
158	食品安全国家标准　化学分析方法验证通则	GB 5009.295—2023
159	食品安全国家标准　食品中维生素 D 的测定	GB 5009.296—2023
160	食品安全国家标准　食品中钼的测定	GB 5009.297—2023
161	食品安全国家标准　食品中三氯蔗糖（蔗糖素）的测定	GB 5009.298—2023
162	食品安全国家标准　婴幼儿食品和乳品中不溶性膳食纤维的测定	GB 5413.6—2010
163	食品安全国家标准　食品中维生素 B_{12} 的测定	GB 5009.285—2022
164	食品安全国家标准　婴幼儿食品和乳品中维生素 C 的测定	GB 5413.18—2010
165	食品安全国家标准　婴幼儿食品和乳品中胆碱的测定	GB 5413.20—2022
166	食品安全国家标准　婴幼儿食品和乳品溶解性的测定	GB 5413.29—2010
167	食品安全国家标准　乳和乳制品杂质度的测定	GB 5413.30—2016
168	食品安全国家标准　婴幼儿食品和乳品中脲酶的测定	GB 5413.31—2013
169	食品安全国家标准　婴幼儿食品和乳品中反式脂肪酸的测定	GB 5413.36—2010
170	食品安全国家标准　生乳冰点的测定	GB 5413.38—2016
171	食品安全国家标准　乳和乳制品中非脂乳固体的测定	GB 5413.39—2010
172	食品安全国家标准　婴幼儿食品和乳品中核苷酸的测定	GB 5413.40—2016
173	食品安全国家标准　饮用天然矿泉水检验方法	GB 8538—2022
174	食品安全国家标准　食品中总酸的测定	GB 12456—2021
175	食品安全国家标准　食品中放射性物质检验　总则	GB 14883.1—2016
176	食品安全国家标准　食品中放射性物质氢 -3 的测定	GB 14883.2—2016
177	食品安全国家标准　食品中放射性物质锶 -89 和锶 -90 的测定	GB 14883.3—2016
178	食品安全国家标准　食品中放射性物质钷 -147 的测定	GB 14883.4—2016
179	食品安全国家标准　食品中放射性物质钋 -210 的测定	GB 14883.5—2016
180	食品安全国家标准　食品中放射性物质镭 -226 和镭 -228 的测定	GB 14883.6—2016
181	食品安全国家标准　食品中放射性物质天然钍和铀的测定	GB 14883.7—2016

续表

序号	标准名称	标准编号
182	食品安全国家标准　食品中放射性物质钚 -239、钚 -240 的测定	GB 14883.8—2016
183	食品安全国家标准　食品中放射性物质碘 -131 的测定	GB 14883.9—2016
184	食品安全国家标准　食品中放射性物质铯 -137 的测定	GB 14883.10—2016
185	食品安全国家标准　含脂类辐照食品鉴定 2- 十二烷基环丁酮的气相色谱质谱分析法	GB 21926 —2016
186	食品安全国家标准　干酪及加工干酪制品中添加的柠檬酸盐的测定	GB 22031—2010
187	食品安全国家标准　辐照食品鉴定筛选法	GB 23748—2016
188	食品安全国家标准　保健食品中 α- 亚麻酸、二十碳五烯酸、二十二碳五烯酸和二十二碳六烯酸的测定	GB 28404—2012
189	食品安全国家标准　婴幼儿食品和乳品中左旋肉碱的测定	GB 29989—2013
190	食品安全国家标准　食品接触材料及制品　高锰酸钾消耗量的测定	GB 31604.2—2016
191	食品安全国家标准　食品接触材料及制品　树脂干燥失重的测定	GB 31604.3—2016
192	食品安全国家标准　食品接触材料及制品　树脂中挥发物的测定	GB 31604.4—2016
193	食品安全国家标准　食品接触材料及制品　树脂中提取物的测定	GB 31604.5—2016
194	食品安全国家标准　食品接触材料及制品　树脂中灼烧残渣的测定	GB 31604.6—2016
195	食品安全国家标准　食品接触材料及制品　脱色试验	GB 31604.7—2023
196	食品安全国家标准　食品接触材料及制品　总迁移量的测定	GB 31604.8—2021
197	食品安全国家标准　食品接触材料及制品　食品模拟物中重金属的测定	GB 31604.9—2016
198	食品安全国家标准　食品接触材料及制品　2,2- 二（4- 羟基苯基）丙烷（双酚 A）迁移量的测定	GB 31604.10—2016
199	食品安全国家标准　食品接触材料及制品　1,3- 苯二甲胺迁移量的测定	GB 31604.11—2016
200	食品安全国家标准　食品接触材料及制品　1,3- 丁二烯的测定和迁移量的测定	GB 31604.12—2016
201	食品安全国家标准　食品接触材料及制品　11- 氨基十一酸迁移量的测定	GB 31604.13—2016
202	食品安全国家标准　食品接触材料及制品　1- 辛烯和四氢呋喃迁移量的测定	GB 31604.14—2016
203	食品安全国家标准　食品接触材料及制品　2,4,6- 三氨基 -1,3,5- 三嗪（三聚氰胺）迁移量的测定	GB 31604.15—2016
204	食品安全国家标准　食品接触材料及制品　苯乙烯和乙苯的测定	GB 31604.16—2016
205	食品安全国家标准　食品接触材料及制品　丙烯腈的测定和迁移量的测定	GB 31604.17—2016

续表

序号	标准名称	标准编号
206	食品安全国家标准　食品接触材料及制品　丙烯酰胺迁移量的测定	GB 31604.18—2016
207	食品安全国家标准　食品接触材料及制品　己内酰胺的测定和迁移量的测定	GB 31604.19—2016
208	食品安全国家标准　食品接触材料及制品　醋酸乙烯酯迁移量的测定	GB 31604.20—2016
209	食品安全国家标准　食品接触材料及制品　对苯二甲酸迁移量的测定	GB 31604.21—2016
210	食品安全国家标准　食品接触材料及制品　发泡聚苯乙烯成型品中二氟二氯甲烷的测定	GB 31604.22—2016
211	食品安全国家标准　食品接触材料及制品　复合食品接触材料中二氨基甲苯的测定	GB 31604.23—2016
212	食品安全国家标准　食品接触材料及制品　镉迁移量的测定	GB 31604.24—2016
213	食品安全国家标准　食品接触材料及制品　铬迁移量的测定	GB 31604.25—2016
214	食品安全国家标准　食品接触材料及制品　环氧氯丙烷的测定和迁移量的测定	GB 31604.26—2016
215	食品安全国家标准　食品接触材料及制品　塑料中环氧乙烷和环氧丙烷的测定	GB 31604.27—2016
216	食品安全国家标准　食品接触材料及制品　己二酸二（2-乙基）己酯的测定和迁移量的测定	GB 31604.28—2016
217	食品安全国家标准　食品接触材料及制品　丙烯酸和甲基丙烯酸及其酯类迁移量的测定	GB 31604.29—2023
218	食品安全国家标准　食品接触材料及制品　邻苯二甲酸酯的测定和迁移量的测定	GB 31604.30—2016
219	食品安全国家标准　食品接触材料及制品　氯乙烯的测定和迁移量的测定	GB 31604.31—2016
220	食品安全国家标准　食品接触材料及制品　木质材料中二氧化硫的测定	GB 31604.32—2016
221	食品安全国家标准　食品接触材料及制品　镍迁移量的测定	GB 31604.33—2016
222	食品安全国家标准　食品接触材料及制品　铅的测定和迁移量的测定	GB 31604.34—2016
223	食品安全国家标准　食品接触材料及制品　全氟辛烷磺酸（PFOS）和全氟辛酸（PFOA）的测定	GB 31604.35—2016
224	食品安全国家标准　食品接触材料及制品　软木中杂酚油的测定	GB 31604.36—2016
225	食品安全国家标准　食品接触材料及制品　三乙胺和三正丁胺的测定	GB 31604.37—2016
226	食品安全国家标准　食品接触材料及制品　砷的测定和迁移量的测定	GB 31604.38—2016
227	食品安全国家标准　食品接触材料及制品　食品接触用纸中多氯联苯的测定	GB 31604.39—2016

续表

序号	标准名称	标准编号
228	食品安全国家标准　食品接触材料及制品　顺丁烯二酸及其酸酐迁移量的测定	GB 31604.40—2016
229	食品安全国家标准　食品接触材料及制品　锑迁移量的测定	GB 31604.41—2016
230	食品安全国家标准　食品接触材料及制品　锌迁移量的测定	GB 31604.42—2016
231	食品安全国家标准　食品接触材料及制品　乙二胺和己二胺迁移量的测定	GB 31604.43—2016
232	食品安全国家标准　食品接触材料及制品　乙二醇和二甘醇迁移量的测定	GB 31604.44—2016
233	食品安全国家标准　食品接触材料及制品　异氰酸酯的测定	GB 31604.45—2016
234	食品安全国家标准　食品接触材料及制品　游离酚的测定和迁移量的测定	GB 31604.46—2023
235	食品安全国家标准　食品接触材料及制品　纸、纸板及纸制品中荧光性物质的测定	GB 31604.47—2023
236	食品安全国家标准　食品接触材料及制品　甲醛迁移量的测定	GB 31604.48—2016
237	食品安全国家标准　食品接触材料及制品　多元素的测定和多元素迁移量的测定	GB 31604.49—2023
238	食品安全国家标准　食品接触材料及制品　壬基酚迁移量的测定	GB 31604.50—2020
239	食品安全国家标准　食品接触材料及制品　1,4- 丁二醇迁移量的测定	GB 31604.51—2021
240	食品安全国家标准　食品接触材料及制品　芳香族伯胺迁移量的测定	GB 31604.52—2021
241	食品安全国家标准　食品接触材料及制品　5- 亚乙基 -2- 降冰片烯迁移量的测定	GB 31604.53—2022
242	食品安全国家标准　食品接触材料及制品　双酚 F 和双酚 S 迁移量的测定	GB 31604.54—2023
243	食品安全国家标准　食品接触材料及制品　异噻唑啉酮类化合物迁移量的测定	GB 31604.55—2023
244	食品安全国家标准　食品接触材料及制品　月桂内酰胺迁移量的测定	GB 31604.56—2023
245	食品安全国家标准　食品接触材料及制品　二苯甲酮类物质迁移量的测定	GB 31604.57—2023
246	食品安全国家标准　食品接触材料及制品　9 种抗氧化剂迁移量的测定	GB 31604.58—2023
247	食品安全国家标准　食品接触材料及制品　化学分析方法验证通则	GB 31604.59—2023
248	食品安全国家标准　辐照食品鉴定　电子自旋共振波谱法	GB 31642—2016
249	食品安全国家标准　含硅酸盐辐照食品的鉴定　热释光法	GB 31643—2016
250	食品安全国家标准　食品中香兰素、甲基香兰素、乙基香兰素和香豆素的测定	GB 5009.284—2021

续表

序号	标准名称	标准编号
251	食品安全国家标准　食品中偶氮甲酰胺的测定	GB 5009.283—2021
252	食品安全国家标准　食品中纳他霉素的测定	GB 5009.286—2022
253	食品安全国家标准　食品中胭脂树橙的测定	GB 5009.287—2022
254	食品安全国家标准　食品中唾液酸的测定	GB 31614.1—2023
寄生虫检验方法标准（6 项）		
1	食品安全国家标准　动物性水产品及其制品中颚口线虫的检验	GB 31610.1—2023
2	食品安全国家标准　动物性水产品及其制品中异尖线虫的检验	GB 31610.2—2023
3	食品安全国家标准　动物性水产品及其制品中广州管圆线虫的检验	GB 31610.3—2023
4	食品安全国家标准　动物性水产品及其制品中华支睾吸虫的检验	GB 31610.4—2023
5	食品安全国家标准　动物性水产品及其制品中并殖吸虫的检验	GB 31610.5—2023
6	食品安全国家标准　动物性水产品及其制品中曼氏迭宫绦虫裂头蚴的检验	GB 31610.6—2023
微生物检验方法标准（33 项）		
1	食品安全国家标准　食品微生物学检验　总则	GB 4789.1—2016
2	食品安全国家标准　食品微生物学检验　菌落总数测定	GB 4789.2—2022
3	食品安全国家标准　食品微生物学检验　大肠菌群计数	GB 4789.3—2016
4	食品安全国家标准　食品微生物学检验　沙门氏菌检验	GB 4789.4—2016
5	食品安全国家标准　食品微生物学检验　志贺氏菌检验	GB 4789.5—2012
6	食品安全国家标准　食品微生物学检验　致泻大肠埃希氏菌检验	GB 4789.6—2016
7	食品安全国家标准　食品微生物学检验　副溶血性弧菌检验	GB 4789.7—2013
8	食品安全国家标准　食品微生物学检验　小肠结肠炎耶尔森氏菌检验	GB 4789.8—2016
9	食品安全国家标准　食品微生物学检验　空肠弯曲菌检验	GB 4789.9—2014
10	食品安全国家标准　食品微生物学检验　金黄色葡萄球菌检验	GB 4789.10—2016
11	食品安全国家标准　食品微生物学检验　β 型溶血性链球菌检验	GB 4789.11—2014
12	食品安全国家标准　食品微生物学检验　肉毒梭菌及肉毒毒素检验	GB 4789.12—2016
13	食品安全国家标准　食品微生物学检验　产气荚膜梭菌检验	GB 4789.13—2012
14	食品安全国家标准　食品微生物学检验　蜡样芽孢杆菌检验	GB 4789.14—2014
15	食品安全国家标准　食品微生物学检验　霉菌和酵母计数	GB 4789.15—2016
16	食品安全国家标准　食品微生物学检验　常见产毒霉菌的形态学鉴定	GB 4789.16—2016
17	食品安全国家标准　食品微生物学检验　乳与乳制品检验	GB 4789.18—2010
18	食品安全国家标准　食品微生物学检验　商业无菌检验	GB 4789.26—2023
19	食品安全国家标准　食品微生物学检验　培养基和试剂的质量要求	GB 4789.28—2013

续表

序号	标准名称	标准编号
20	食品安全国家标准　食品微生物学检验　唐菖蒲伯克霍尔德氏菌（椰毒假单胞菌酵米面亚种）检验	GB 4789.29—2020
21	食品安全国家标准　食品微生物学检验　单核细胞增生李斯特氏菌检验	GB 4789.30—2016
22	食品安全国家标准　食品微生物学检验　沙门氏菌、志贺氏菌和致泻大肠埃希氏菌的肠杆菌科噬菌体诊断检验	GB 4789.31—2013
23	食品安全国家标准　食品微生物学检验　双歧杆菌的鉴定	GB 4789.34—2016
24	食品安全国家标准　食品微生物学检验　乳酸菌检验	GB 4789.35—2023
25	食品安全国家标准　食品微生物学检验　大肠埃希氏菌 O157：H7/NM 检验	GB 4789.36—2016
26	食品安全国家标准　食品微生物学检验　大肠埃希氏菌计数	GB 4789.38—2012
27	食品安全国家标准　食品微生物学检验　粪大肠菌群计数	GB 4789.39—2013
28	食品安全国家标准　食品微生物学检验　克罗诺杆菌属（阪崎肠杆菌）检验	GB 4789.40—2016
29	食品安全国家标准　食品微生物学检验　肠杆菌科检验	GB 4789.41—2016
30	食品安全国家标准　食品微生物学检验　诺如病毒检验	GB 4789.42—2016
31	食品安全国家标准　食品微生物学检验　微生物源酶制剂抗菌活性的测定	GB 4789.43—2016
32	食品安全国家标准　食品微生物学检验　创伤弧菌检验	GB 4789.44—2020
33	食品安全国家标准　微生物检验方法验证通则	GB 4789.45—2023
毒理学检验方法与规程标准（29 项）		
1	食品安全国家标准　食品安全性毒理学评价程序	GB 15193.1—2014
2	食品安全国家标准　食品毒理学实验室操作规范	GB 15193.2—2014
3	食品安全国家标准　急性经口毒性试验	GB 15193.3—2014
4	食品安全国家标准　细菌回复突变试验	GB 15193.4—2014
5	食品安全国家标准　哺乳动物红细胞微核试验	GB 15193.5—2014
6	食品安全国家标准　哺乳动物骨髓细胞染色体畸变试验	GB 15193.6—2014
7	食品安全国家标准　小鼠精原细胞或精母细胞染色体畸变试验	GB 15193.8—2014
8	食品安全国家标准　啮齿类动物显性致死试验	GB 15193.9—2014
9	食品安全国家标准　体外哺乳类细胞 DNA 损伤修复（非程序性 DNA 合成）试验	GB 15193.10—2014
10	食品安全国家标准　果蝇伴性隐性致死试验	GB 15193.11—2015
11	食品安全国家标准　体外哺乳类细胞 HGPRT 基因突变试验	GB 15193.12—2014
12	食品安全国家标准　90 天经口毒性试验	GB 15193.13—2015

续表

序号	标准名称	标准编号
13	食品安全国家标准　致畸试验	GB 15193.14—2015
14	食品安全国家标准　生殖毒性试验	GB 15193.15—2015
15	食品安全国家标准　毒物动力学试验	GB 15193.16—2014
16	食品安全国家标准　慢性毒性和致癌合并试验	GB 15193.17—2015
17	食品安全国家标准　健康指导值	GB 15193.18—2015
18	食品安全国家标准　致突变物、致畸物和致癌物的处理方法	GB 15193.19—2015
19	食品安全国家标准　体外哺乳类细胞 TK 基因突变试验	GB 15193.20—2014
20	食品安全国家标准　受试物试验前处理方法	GB 15193.21—2014
21	食品安全国家标准　28 天经口毒性试验	GB 15193.22—2014
22	食品安全国家标准　体外哺乳类细胞染色体畸变试验	GB 15193.23—2014
23	食品安全国家标准　食品安全性毒理学评价中病理学检查技术要求	GB 15193.24—2014
24	食品安全国家标准　生殖发育毒性试验	GB 15193.25—2014
25	食品安全国家标准　慢性毒性试验	GB 15193.26—2015
26	食品安全国家标准　致癌试验	GB 15193.27—2015
27	食品安全国家标准　体外哺乳类细胞微核试验	GB 15193.28—2020
28	食品安全国家标准　扩展一代生殖毒性试验	GB 15193.29—2020
29	食品安全国家标准　哺乳动物体内碱性彗星试验	GB 31655—2021
农药残留检测方法标准（120 项）		
1	食品安全国家标准　除草剂残留量检测方法　第 1 部分：气相色谱－质谱法测定　粮谷及油籽中酰胺类除草剂残留量	GB 23200.1—2016
2	食品安全国家标准　除草剂残留量检测方法　第 2 部分：气相色谱－质谱法测定　粮谷及油籽中二苯醚类除草剂残留量	GB 23200.2—2016
3	食品安全国家标准　除草剂残留量检测方法　第 3 部分：液相色谱－质谱 / 质谱法测定　食品中环己酮类除草剂残留量	GB 23200.3—2016
4	食品安全国家标准　除草剂残留量检测方法　第 4 部分：气相色谱－质谱 / 质谱法测定　食品中芳氧苯氧丙酸酯类除草剂残留量	GB 23200.4—2016
5	食品安全国家标准　除草剂残留量检测方法　第 5 部分：液相色谱－质谱 / 质谱法测定　食品中硫代氨基甲酸酯类除草剂残留量	GB 23200.5—2016
6	食品安全国家标准　除草剂残留量检测方法　第 6 部分：液相色谱－质谱 / 质谱法测定　食品中杀草强残留量	GB 23200.6—2016
7	食品安全国家标准　蜂蜜、果汁和果酒中 497 种农药及相关化学品残留量的测定　气相色谱－质谱法	GB 23200.7—2016
8	食品安全国家标准　水果和蔬菜中 500 种农药及相关化学品残留量的测定　气相色谱－质谱法	GB 23200.8—2016

续表

序号	标准名称	标准编号
9	食品安全国家标准　粮谷中475种农药及相关化学品残留量的测定　气相色谱-质谱法	GB 23200.9—2016
10	食品安全国家标准　桑枝、金银花、枸杞子和荷叶中488种农药及相关化学品残留量的测定　气相色谱-质谱法	GB 23200.10—2016
11	品安全国家标准　桑枝、金银花、枸杞子和荷叶中413种农药及相关化学品残留量的测定　液相色谱-质谱法	GB 23200.11—2016
12	食品安全国家标准　食用菌中440种农药及相关化学品残留量的测定　液相色谱-质谱法	GB 23200.12—2016
13	食品安全国家标准　茶叶中448种农药及相关化学品残留量的测定　液相色谱-质谱法	GB 23200.13—2016
14	食品安全国家标准　果蔬汁和果酒中512种农药及相关化学品残留量的测定　液相色谱-质谱法	GB 23200.14—2016
15	食品安全国家标准　食用菌中503种农药及相关化学品残留量的测定　气相色谱-质谱法	GB 23200.15—2016
16	食品安全国家标准　水果和蔬菜中乙烯利残留量的测定液相色谱法	GB 23200.16—2016
17	食品安全国家标准　水果和蔬菜中噻菌灵残留量的测定液相色谱法	GB 23200.17—2016
18	食品安全国家标准　蔬菜中非草隆等15种取代脲类除草剂残留量的测定　液相色谱法	GB 23200.18—2016
19	食品安全国家标准　水果和蔬菜中阿维菌素残留量的测定　液相色谱法	GB 23200.19—2016
20	食品安全国家标准　食品中阿维菌素残留量的测定　液相色谱-质谱/质谱法	GB 23200.20—2016
21	食品安全国家标准　水果中赤霉酸残留量的测定　液相色谱-质谱/质谱法	GB 23200.21—2016
22	食品安全国家标准　坚果及坚果制品中抑芽丹残留量的测定　液相色谱法	GB 23200.22—2016
23	食品安全国家标准　食品中地乐酚残留量的测定　液相色谱-质谱/质谱法	GB 23200.23—2016
24	食品安全国家标准　粮谷和大豆中11种除草剂残留量的测定　气相色谱-质谱法	GB 23200.24—2016
25	食品安全国家标准　水果中噁草酮残留量的检测方法	GB 23200.25—2016
26	食品安全国家标准　茶叶中9种有机杂环类农药残留量的检测方法	GB 23200.26—2016
27	食品安全国家标准　水果中4,6-二硝基邻甲酚残留量的测定　气相色谱-质谱法	GB 23200.27—2016
28	食品安全国家标准　食品中多种醚类除草剂残留量的测定　气相色谱-质谱法	GB 23200.28—2016

续表

序号	标准名称	标准编号
29	食品安全国家标准　水果和蔬菜中唑螨酯残留量的测定　液相色谱法	GB 23200.29—2016
30	食品安全国家标准　食品中环氟菌胺残留量的测定　气相色谱－质谱法	GB 23200.30—2016
31	食品安全国家标准　食品中丙炔氟草胺残留量的测定　气相色谱－质谱法	GB 23200.31—2016
32	食品安全国家标准　食品中丁酰肼残留量的测定　气相色谱－质谱法	GB 23200.32—2016
33	食品安全国家标准　食品中解草嗪、莎稗磷、二丙烯草胺等 110 种农药残留量的测定　气相色谱－质谱法	GB 23200.33—2016
34	食品安全国家标准　食品中涕灭砜威、吡唑醚菌酯、嘧菌酯等 65 种农药残留量的测定　液相色谱－质谱 / 质谱法	GB 23200.34—2016
35	食品安全国家标准　植物源性食品中取代脲类农药残留量的测定　液相色谱－质谱法	GB 23200.35—2016
36	食品安全国家标准　植物源性食品中氯氟吡氧乙酸、氟硫草定、氟吡草腙和噻唑烟酸除草剂残留量的测定　液相色谱－质谱 / 质谱法	GB 23200.36—2016
37	食品安全国家标准　食品中烯啶虫胺、呋虫胺等 20 种农药残留量的测定　液相色谱－质谱 / 质谱法	GB 23200.37—2016
38	食品安全国家标准　植物源性食品中环己烯酮类除草剂残留量的测定　液相色谱－质谱 / 质谱法	GB 23200.38—2016
39	食品安全国家标准　食品中噻虫嗪及其代谢物噻虫胺残留量的测定　液相色谱－质谱 / 质谱法	GB 23200.39—2016
40	食品安全国家标准　可乐饮料中有机磷、有机氯农药残留量的测定　气相色谱法	GB 23200.40—2016
41	食品安全国家标准　食品中噻节因残留量的检测方法	GB 23200.41—2016
42	食品安全国家标准　粮谷中氟吡禾灵残留量的检测方法	GB 23200.42—2016
43	食品安全国家标准　粮谷及油籽中二氯喹磷酸残留量的测定　气相色谱法	GB 23200.43—2016
44	食品安全国家标准　粮谷中二硫化碳、四氯化碳、二溴乙烷残留量的检测方法	GB 23200.44—2016
45	食品安全国家标准　食品中除虫脲残留量的测定　液相色谱－质谱法	GB 23200.45—2016
46	食品安全国家标准　食品中嘧霉胺、嘧菌胺、腈菌唑、嘧菌酯残留量的测定　气相色谱－质谱法	GB 23200.46—2016
47	食品安全国家标准　食品中四螨嗪残留量的测定　气相色谱－质谱法	GB 23200.47—2016
48	食品安全国家标准　食品中野燕枯残留量的测定　气相色谱－质谱法	GB 23200.48—2016
49	食品安全国家标准　食品中苯醚甲环唑残留量的测定　气相色谱－质谱法	GB 23200.49—2016

续表

序号	标准名称	标准编号
50	食品安全国家标准　食品中吡啶类农药残留量的测定　液相色谱－质谱／质谱法	GB 23200.50—2016
51	食品安全国家标准　食品中呋虫胺残留量的测定　液相色谱－质谱／质谱法	GB 23200.51—2016
52	食品安全国家标准　食品中嘧菌环胺残留量的测定　气相色谱－质谱法	GB 23200.52—2016
53	食品安全国家标准　食品中氟硅唑残留量的测定　气相色谱－质谱法	GB 23200.53—2016
54	食品安全国家标准　食品中甲氧基丙烯酸酯类杀菌剂残留量的测定　气相色谱－质谱法	GB 23200.54—2016
55	食品安全国家标准　食品中21种熏蒸剂残留量的测定　顶空气相色谱法	GB 23200.55—2016
56	食品安全国家标准　食品中喹氧灵残留量的检测方法	GB 23200.56—2016
57	食品安全国家标准　食品中乙草胺残留量的检测方法	GB 23200.57—2016
58	食品安全国家标准　食品中氯酯磺草胺残留量的测定　液相色谱－质谱／质谱法	GB 23200.58—2016
59	食品安全国家标准　食品中敌草腈残留量的测定　气相色谱－质谱法	GB 23200.59—2016
60	食品安全国家标准　食品中炔草酯残留量的检测方法	GB 23200.60—2016
61	食品安全国家标准　食品中苯胺灵残留量的测定　气相色谱－质谱法	GB 23200.61—2016
62	食品安全国家标准　食品中氟烯草酸残留量的测定　气相色谱－质谱法	GB 23200.62—2016
63	食品安全国家标准　食品中噻酰菌胺残留量的测定　液相色谱－质谱／质谱法	GB 23200.63—2016
64	食品安全国家标准　食品中吡丙醚残留量的测定　液相色谱－质谱／质谱法	GB 23200.64—2016
65	食品安全国家标准　食品中四氟醚唑残留量的检测方法	GB 23200.65—2016
66	食品安全国家标准　食品中吡螨胺残留量的测定　气相色谱－质谱法	GB 23200.66—2016
67	食品安全国家标准　食品中炔苯酰草胺残留量的测定　气相色谱－质谱法	GB 23200.67—2016
68	食品安全国家标准　食品中啶酰菌胺残留量的测定　气相色谱－质谱法	GB 23200.68—2016
69	食品安全国家标准　食品中二硝基苯胺类农药残留量的测定　液相色谱－质谱／质谱法	GB 23200.69—2016
70	食品安全国家标准　食品中三氟羧草醚残留量的测定　液相色谱－质谱／质谱法	GB 23200.70—2016
71	食品安全国家标准　食品中二缩甲酰亚胺类农药残留量的测定　气相色谱－质谱法	GB 23200.71—2016

续表

序号	标准名称	标准编号
72	食品安全国家标准　食品中苯酰胺类农药残留量的测定　气相色谱－质谱法	GB 23200.72—2016
73	食品安全国家标准　食品中鱼藤酮和印楝素残留量的测定　液相色谱－质谱/质谱法	GB 23200.73—2016
74	食品安全国家标准　食品中井冈霉素残留量的测定　液相色谱－质谱/质谱法	GB 23200.74—2016
75	食品安全国家标准　食品中氟啶虫酰胺残留量的检测方法	GB 23200.75—2016
76	食品安全国家标准　食品中氟苯虫酰胺残留量的测定　液相色谱－质谱/质谱法	GB 23200.76—2016
77	食品安全国家标准　食品中苄螨醚残留量的检测方法	GB 23200.77—2016
78	食品安全国家标准　肉及肉制品中巴毒磷残留量的测定　气相色谱法	GB 23200.78—2016
79	食品安全国家标准　肉及肉制品中吡菌磷残留量的测定　气相色谱法	GB 23200.79—2016
80	食品安全国家标准　肉及肉制品中双硫磷残留量的检测方法	GB 23200.80—2016
81	食品安全国家标准　肉及肉制品中西玛津残留量的检测方法	GB 23200.81—2016
82	食品安全国家标准　肉及肉制品中乙烯利残留量的检测方法	GB 23200.82—2016
83	食品安全国家标准　食品中异稻瘟净残留量的检测方法	GB 23200.83—2016
84	食品安全国家标准　肉品中甲氧滴滴涕残留量的测定　气相色谱－质谱法	GB 23200.84—2016
85	食品安全国家标准　乳及乳制品中多种拟除虫菊酯农药残留量的测定　气相色谱－质谱法	GB 23200.85—2016
86	食品安全国家标准　乳及乳制品中多种有机氯农药残留量的测定　气相色谱－质谱/质谱法	GB 23200.86—2016
87	食品安全国家标准　乳及乳制品中噻菌灵残留量的测定　荧光分光光度法	GB 23200.87—2016
88	食品安全国家标准　水产品中多种有机氯农药残留量的检测方法	GB 23200.88—2016
89	食品安全国家标准　动物源性食品中乙氧喹啉残留量的测定　液相色谱法	GB 23200.89—2016
90	食品安全国家标准　乳及乳制品中多种氨基甲酸酯类农药残留量的测定　液相色谱－质谱法	GB 23200.90—2016
91	食品安全国家标准　动物源性食品中 9 种有机磷农药残留量的测定　气相色谱法	GB 23200.91—2016
92	食品安全国家标准　动物源性食品中五氯酚残留量的测定　液相色谱－质谱法	GB 23200.92—2016
93	食品安全国家标准　食品中有机磷农药残留量的测定　气相色谱－质谱法	GB 23200.93—2016

续表

序号	标准名称	标准编号
94	食品安全国家标准　动物源性食品中敌百虫、敌敌畏、蝇毒磷残留量的测定　液相色谱－质谱/质谱法	GB 23200.94—2016
95	食品安全国家标准　蜂产品中氟胺氰菊酯残留量的检测方法	GB 23200.95—2016
96	食品安全国家标准　蜂蜜中杀虫脒及其代谢产物残留量的测定　液相色谱－质谱/质谱法	GB 23200.96—2016
97	食品安全国家标准　蜂蜜中5种有机磷农药残留量的测定　气相色谱法	GB 23200.97—2016
98	食品安全国家标准　蜂王浆中11种有机磷农药残留量的测定　气相色谱法	GB 23200.98—2016
99	食品安全国家标准　蜂王浆中多种氨基甲酸酯类农药残留量的测定　液相色谱－质谱/质谱法	GB 23200.99—2016
100	食品安全国家标准　蜂王浆中多种菊酯类农药残留量的测定　气相色谱法	GB 23200.100—2016
101	食品安全国家标准　蜂王浆中多种杀螨剂残留量的测定　气相色谱－质谱法	GB 23200.101—2016
102	食品安全国家标准　蜂王浆中杀虫脒及其代谢产物残留量的测定　气相色谱－质谱法	GB 23200.102—2016
103	食品安全国家标准　蜂王浆中双甲脒及其代谢产物残留量的测定　气相色谱－质谱法	GB 23200.103—2016
104	食品安全国家标准　肉及肉制品中2甲4氯及2甲4氯丁酸残留量的测定　液相色谱－质谱法	GB 23200.104—2016
105	食品安全国家标准　肉及肉制品中甲萘威残留量的测定　液相色谱－柱后衍生荧光检测法	GB 23200.105—2016
106	食品安全国家标准　肉及肉制品中残杀威残留量的测定　气相色谱法	GB 23200.106—2016
107	食品安全国家标准　植物源性食品中草铵膦残留量的测定　液相色谱－质谱联用法	GB 23200.108—2018
108	食品安全国家标准　植物源性食品中二氯吡啶酸残留量的测定　液相色谱－质谱联用法	GB 23200.109—2018
109	食品安全国家标准　植物源性食品中氯吡脲残留量的测定　液相色谱－质谱联用法	GB 23200.110—2018
110	食品安全国家标准　植物源性食品中唑嘧磺草胺残留量的测定　液相色谱－质谱联用法	GB 23200.111—2018
111	食品安全国家标准　植物源性食品中9种氨基甲酸酯类农药及其代谢物残留量的测定　液相色谱－柱后衍生法	GB 23200.112—2018
112	食品安全国家标准　植物源性食品中208种农药及其代谢物残留量的测定　气相色谱－质谱联用法	GB 23200.113—2018

续表

序号	标准名称	标准编号
113	食品安全国家标准　植物源性食品中灭瘟素残留量的测定　液相色谱－质谱联用法	GB 23200.114—2018
114	食品安全国家标准　鸡蛋中氟虫腈及其代谢物残留量的测定　液相色谱－质谱联用法	GB 23200.115—2018
115	食品安全国家标准　植物源性食品中 90 种有机磷类农药及其代谢物残留量的测定　气相色谱法	GB 23200.116—2019
116	食品安全国家标准　植物源性食品中喹啉铜残留量的测定　高效液相色谱法	GB 23200.117—2019
117	食品安全国家标准　植物源性食品中单氰胺残留量的测定　液相色谱法－质谱联用法	GB 23200.118—2021
118	食品安全国家标准　植物源性食品中沙蚕毒素类农药残留量的测定　气相色谱法	GB 23200.119—2021
119	食品安全国家标准　植物源性食品中甜菜安残留量的测定　液相色谱法－质谱联用法	GB 23200.120—2021
120	食品安全国家标准　植物源性食品中 331 种农药及其代谢物残留量的测定　液相色谱法－质谱联用法	GB 23200.121—2021
兽药残留检测方法标准（95 项）		
1	食品安全国家标准　牛奶中左旋咪唑残留量的测定　高效液相色谱法	GB 29681—2013
2	食品安全国家标准　水产品中青霉素类药物多残留的测定　高效液相色谱法	GB 29682—2013
3	食品安全国家标准　动物性食品中对乙酰氨基酚残留量的测定　高效液相色谱法	GB 29683—2013
4	食品安全国家标准　水产品中红霉素残留量的测定　液相色谱－串联质谱法	GB 29684—2013
5	食品安全国家标准　动物性食品中林可霉素、克林霉素和大观霉素多残留的测定　气相色谱－质谱法	GB 29685—2013
6	食品安全国家标准　猪可食性组织中阿维拉霉素残留量的测定　液相色谱－串联质谱法	GB 29686—2013
7	食品安全国家标准　水产品中阿苯达唑及其代谢物多残留的测定　高效液相色谱法	GB 29687—2013
8	食品安全国家标准　牛奶中氯霉素残留量的测定　液相色谱－串联质谱法	GB 29688—2013
9	食品安全国家标准　牛奶中甲砜霉素残留量的测定　高效液相色谱法	GB 29689—2013
10	食品安全国家标准　动物性食品中尼卡巴嗪残留标志物残留量的测定　液相色谱－串联质谱法	GB 29690—2013
11	食品安全国家标准　鸡可食性组织中尼卡巴嗪残留量的测定　高效液相色谱法	GB 29691—2013

续表

序号	标准名称	标准编号
12	食品安全国家标准　牛奶中喹诺酮类药物多残留的测定　高效液相色谱法	GB 29692—2013
13	食品安全国家标准　动物性食品中常山酮残留量的测定　高效液相色谱法	GB 29693—2013
14	食品安全国家标准　动物性食品中 13 种磺胺类药物多残留的测定　高效液相色谱法	GB 29694—2013
15	食品安全国家标准　水产品中阿维菌素和伊维菌素多残留的测定　高效液相色谱法	GB 29695—2013
16	食品安全国家标准　牛奶中阿维菌素类药物多残留的测定　高效液相色谱法	GB 29696—2013
17	食品安全国家标准　动物性食品中地西泮和安眠酮多残留的测定　气相色谱－质谱法	GB 29697—2013
18	食品安全国家标准　奶及奶制品中 17β- 雌二醇、雌三醇、炔雌醇多残留的测定　气相色谱－质谱法	GB 29698—2013
19	食品安全国家标准　鸡肌肉组织中氯羟吡啶残留量的测定　气相色谱－质谱法	GB 29699—2013
20	食品安全国家标准　牛奶中氯羟吡啶残留量的测定　气相色谱－质谱法	GB 29700—2013
21	食品安全国家标准　鸡可食性组织中地克珠利残留量的测定　高效液相色谱法	GB 29701—2013
22	食品安全国家标准　水产品中甲氧苄啶残留量的测定　高效液相色谱法	GB 29702—2013
23	食品安全国家标准　动物性食品中呋喃苯烯酸钠残留量的测定　液相色谱－串联质谱法	GB 29703—2013
24	食品安全国家标准　动物性食品中环丙氨嗪及代谢物三聚氰胺多残留的测定　超高效液相色谱－串联质谱法	GB 29704—2013
25	食品安全国家标准　水产品中氯氰菊酯、氰戊菊酯、溴氰菊酯多残留的测定　气相色谱法	GB 29705—2013
26	食品安全国家标准　动物性食品中氨苯砜残留量的测定　液相色谱－串联质谱法	GB 29706—2013
27	食品安全国家标准　牛奶中双甲脒残留标志物残留量的测定　气相色谱法	GB 29707—2013
28	食品安全国家标准　动物性食品中五氯酚钠残留量的测定　气相色谱－质谱法	GB 29708—2013
29	食品安全国家标准　动物性食品中氮哌酮及其代谢物多残留的测定　高效液相色谱法	GB 29709—2013

续表

序号	标准名称	标准编号
30	食品安全国家标准　水产品中大环内酯类药物残留量的测定　液相色谱－串联质谱法	GB 31660.1—2019
31	食品安全国家标准　水产品中辛基酚、壬基酚、双酚 A、己烯雌酚、雌酮、17α- 乙炔雌二醇、17β- 雌二醇、雌三醇残留量的测定　气相色谱－质谱法	GB 31660.2—2019
32	食品安全国家标准　水产品中氟乐灵残留量的测定　气相色谱法	GB 31660.3—2019
33	食品安全国家标准　动物性食品中醋酸甲地孕酮和醋酸甲羟孕酮残留量的测定　液相色谱－串联质谱法	GB 31660.4—2019
34	食品安全国家标准　动物性食品中金刚烷胺残留量的测定　液相色谱－串联质谱法	GB 31660.5—2019
35	食品安全国家标准　动物性食品中 5 种 α2- 受体激动剂残留量的测定　液相色谱－串联质谱法	GB 31660.6—2019
36	食品安全国家标准　猪组织和尿液中赛庚啶及可乐定残留量的测定　液相色谱－串联质谱法	GB 31660.7—2019
37	食品安全国家标准　牛可食性组织及牛奶中氮氨菲啶残留量的测定　液相色谱－串联质谱法	GB 31660.8—2019
38	食品安全国家标准　家禽可食性组织中乙氧酰胺苯甲酯残留量的测定　高效液相色谱法	GB 31660.9—2019
39	食品安全国家标准　牛可食性组织中氨丙啉残留量的测定　液相色谱－串联质谱法和高效液相色谱法	GB 31613.1—2021
40	食品安全国家标准　猪、鸡可食性组织中泰万菌素和 3- 乙酰泰乐菌素残留量的测定　液相色谱－串联质谱法	GB 31613.2—2021
41	食品安全国家标准　鸡可食性组织中二硝托胺残留量的测定	GB 31613.3—2021
42	食品安全国家标准　牛可食性组织中吡利霉素残留量的测定　液相色谱－串联质谱法	GB 31613.4—2022
43	食品安全国家标准　鸡可食性组织中抗球虫药物残留量的测定　液相色谱－串联质谱法	GB 31613.5—2022
44	食品安全国家标准　猪和家禽可食性组织中维吉尼亚霉素 M_1 残留量的测定　液相色谱－串联质谱法	GB 31613.6—2022
45	食品安全国家标准　水产品中甲苯咪唑及代谢物残留量的测定　高效液相色谱法	GB 31656.1—2021
46	食品安全国家标准　水产品中泰乐菌素残留量的测定　高效液相色谱法	GB 31656.2—2021
47	食品安全国家标准　水产品中诺氟沙星、环丙沙星、恩诺沙星、氧氟沙星、噁喹酸、氟甲喹残留量的测定　高效液相色谱法	GB 31656.3—2021
48	食品安全国家标准　水产品中氯丙嗪残留量的测定　液相色谱－串联质谱法	GB 31656.4—2021

续表

序号	标准名称	标准编号
49	食品安全国家标准　水产品中安眠酮残留量的测定　液相色谱－串联质谱法	GB 31656.5—2021
50	食品安全国家标准　水产品中丁香酚残留量的测定　气相色谱－质谱法	GB 31656.6—2021
51	食品安全国家标准　水产品中氯硝柳胺残留量的测定　液相色谱－串联质谱法	GB 31656.7—2021
52	食品安全国家标准　水产品中有机磷类药物残留量的测定　液相色谱－串联质谱法	GB 31656.8—2021
53	食品安全国家标准　水产品中二甲戊灵残留量的测定　液相色谱－串联质谱法	GB 31656.9—2021
54	食品安全国家标准　水产品中四聚乙醛残留量的测定　液相色谱－串联质谱法	GB 31656.10—2021
55	食品安全国家标准　水产品中土霉素、四环素、金霉素和多西环素残留量的测定	GB 31656.11—2021
56	食品安全国家标准　水产品中青霉素类药物多残留的测定　液相色谱－串联质谱法	GB 31656.12—2021
57	食品安全国家标准　水产品中硝基呋喃类代谢物多残留的测定　液相色谱－串联质谱法	GB 31656.13—2021
58	食品安全国家标准　水产品中 27　种性激素残留量的测定　液相色谱－串联质谱法	GB 31656.14—2022
59	食品安全国家标准　水产品中甲苯咪唑及其代谢物残留量的测定　液相色谱－串联质谱法	GB 31656.15—2022
60	食品安全国家标准　水产品中氯霉素、甲砜霉素、氟苯尼考和氟苯尼考胺残留量的测定　气相色谱法	GB 31656.16—2022
61	食品安全国家标准　水产品中二硫氰基甲烷残留量的测定　气相色谱法	GB 31656.17—2022
62	食品安全国家标准　蜂蜜和蜂王浆中氟胺氰菊酯残留量的测定　气相色谱法	GB 31657.1—2021
63	食品安全国家标准　蜂产品中喹诺酮类药物多残留的测定　液相色谱－串联质谱法	GB 31657.2—2021
64	食品安全国家标准　蜂产品中头孢类药物残留量的测定　液相色谱－串联质谱法	GB 31657.3—2022
65	食品安全国家标准　动物性食品中头孢噻呋残留量的测定　高效液相色谱法	GB 31658.1—2021
66	食品安全国家标准　动物性食品中氯霉素残留量的测定　液相色谱－串联质谱法	GB 31658.2—2021

续表

序号	标准名称	标准编号
67	食品安全国家标准　猪尿中巴氯酚残留量的测定　液相色谱-串联质谱法	GB 31658.3—2021
68	食品安全国家标准　动物性食品中头孢类药物残留量的测定　液相色谱-串联质谱法	GB 31658.4—2021
69	食品安全国家标准　动物性食品中氟苯尼考及氟苯尼考胺残留量的测定　液相色谱-串联质谱法	GB 31658.5—2021
70	食品安全国家标准　动物性食品中四环素类药物残留量的测定　高效液相色谱法	GB 31658.6—2021
71	食品安全国家标准　动物性食品中 17β- 雌二醇、雌三醇、炔雌醇和雌酮残留量的测定　气相色谱-质谱法	GB 31658.7—2021
72	食品安全国家标准　动物性食品中拟除虫菊酯类药物残留量的测定　气相色谱-质谱法	GB 31658.8—2021
73	食品安全国家标准　动物性食品及尿液中雌激素类药物多残留的测定　液相色谱-串联质谱法	GB 31658.9—2021
74	食品安全国家标准　动物性食品中氨基甲酸酯类杀虫剂残留量的测定　液相色谱-串联质谱法	GB 31658.10—2021
75	食品安全国家标准　动物性食品中阿苯达唑及其代谢物残留量的测定　高效液相色谱法	GB 31658.11—2021
76	食品安全国家标准　动物性食品中环丙氨嗪残留量的测定　高效液相色谱法	GB 31658.12—2021
77	食品安全国家标准　动物性食品中氯苯胍残留量的测定　液相色谱-串联质谱法	GB 31658.13—2021
78	食品安全国家标准　动物性食品中 α- 群勃龙和 β- 群勃龙残留量的测定　液相色谱-串联质谱法	GB 31658.14—2021
79	食品安全国家标准　动物性食品中赛拉嗪及代谢物 2,6- 二甲基苯胺残留量的测定　液相色谱-串联质谱法	GB 31658.15—2021
80	食品安全国家标准　动物性食品中阿维菌素类药物残留量的测定　高效液相色谱法和液相色谱-串联质谱法	GB 31658.16—2021
81	食品安全国家标准　动物性食品中四环素类、磺胺类和喹诺酮类药物残留量的测定　液相色谱-串联质谱法	GB 31658.17—2021
82	食品安全国家标准　动物性食品中三氮脒残留量的测定　高效液相色谱法	GB 31658.18—2022
83	食品安全国家标准　动物性食品中阿托品、东莨菪碱、山莨菪碱、利多卡因、普鲁卡因残留量的测定　液相色谱-串联质谱法	GB 31658.19—2022
84	食品安全国家标准　动物性食品中酰胺醇类药物及其代谢物残留量的测定　液相色谱-串联质谱法	GB 31658.20—2022

续表

序号	标准名称		标准编号
85	食品安全国家标准　动物性食品中左旋咪唑残留量的测定　液相色谱－串联质谱法		GB 31658.21—2022
86	食品安全国家标准　动物性食品中β- 受体激动剂残留量的测定　液相色谱－串联质谱法		GB 31658.22—2022
87	食品安全国家标准　动物性食品中硝基咪唑类药物残留量的测定　液相色谱－串联质谱法		GB 31658.23—2022
88	食品安全国家标准　动物性食品中赛杜霉素残留量的测定　液相色谱－串联质谱法		GB 31658.24—2022
89	食品安全国家标准　动物性食品中 10 种利尿药残留量的测定　液相色谱－串联质谱法		GB 31658.25—2022
90	食品安全国家标准　牛奶中赛拉嗪残留量的测定　液相色谱－串联质谱法		GB 31659.1—2021
91	食品安全国家标准　禽蛋、奶和奶粉中多西环素残留量的测定　液相色谱－串联质谱法		GB 31659.2—2022
92	食品安全国家标准　奶和奶粉中头孢类药物残留量的测定　液相色谱－串联质谱法		GB 31659.3—2022
93	食品安全国家标准　奶及奶粉中阿维菌素类药物残留量的测定　液相色谱－串联质谱法		GB 31659.4—2022
94	食品安全国家标准　牛奶中利福昔明残留量的测定　液相色谱－串联质谱法		GB 31659.5—2022
95	食品安全国家标准　牛奶中氯前列醇残留量的测定　液相色谱－串联质谱法		GB 31659.6—2022
被替代（拟替代）和已废止（待废止）标准（169 项）			
1	食品安全国家标准　食品添加剂　β- 胡萝卜素	2011 年 12 月 21 日被替代	GB 8821—2010
2	食品安全国家标准　食品添加剂　山梨醇酐单硬脂酸酯（司盘 60）	2011 年 12 月 21 日被替代	GB 13481—2010
3	食品安全国家标准　食品添加剂　山梨醇酐单油酸酯（司盘 80）	2011 年 12 月 21 日被替代	GB 13482—2010
4	食品安全国家标准　食品添加剂　活性白土	2011 年 12 月 21 日被替代	GB 25571—2010
5	食品安全国家标准　硅藻土	2013 年 1 月 25 日被替代	GB 14936—2012
6	食品安全国家标准　食品中百菌清等 12 种农药最大残留限量	2013 年 3 月 1 日废止	GB 25193—2010

续表

序号	标准名称		标准编号
7	食品安全国家标准　食品中百草枯等 54 种农药最大残留限量	2013 年 3 月 1 日废止	GB 26130—2010
8	食品安全国家标准　食品中阿维菌素等 85 中农药最大残留限量	2013 年 3 月 1 日废止	GB 28260—2011
9	食品安全国家标准　食品中农药最大残留限量	2014 年 8 月 1 日被替代	GB 2763—2012
10	食品安全国家标准　食品添加剂使用标准	2015 年 5 月 24 日被替代	GB 2760—2011
11	食品安全国家标准　食品添加剂　丁苯橡胶	2015 年 5 月 24 日被替代	GB 29987—2013
12	食品安全国家标准　食品添加剂　琼脂（琼胶）	2017 年 1 月 1 日废止	GB 1975—2010
13	食品安全国家标准　食品添加剂　乙基麦芽酚	2017 年 1 月 1 日废止	GB 12487—2010
14	食品安全国家标准　食品添加剂　吗啉脂肪酸盐果蜡	2017 年 1 月 1 日废止	GB 12489—2010
15	食品安全国家标准　食品添加剂　滑石粉	2017 年 1 月 1 日废止	GB 25578—2010
16	食品安全国家标准　食品添加剂　稳定态二氧化氯溶液	2017 年 1 月 1 日废止	GB 25580—2010
17	食品安全国家标准　食品添加剂　碳酸氢钾	2017 年 1 月 1 日废止	GB 25589—2010
18	食品安全国家标准　食品添加剂　复合膨松剂	2017 年 1 月 1 日废止	GB 25591—2010
19	食品安全国家标准　食品工业用酶制剂	2017 年 1 月 1 日废止	GB 25594—2010
20	食品安全国家标准　食品添加剂　山梨糖醇	2017 年 1 月 1 日废止	GB 29219—2012
21	食品安全国家标准　食品添加剂　乙酸乙酯	2017 年 1 月 1 日废止	GB 29224—2012
22	食品安全国家标准　婴幼儿食品和乳品中维生素 B_1 的测定	2017 年 3 月 1 日废止	GB 5413.11—2010
23	食品安全国家标准　婴幼儿食品和乳品中游离生物素的测定	2017 年 3 月 1 日废止	GB 5413.19—2010
24	食品安全国家标准　婴幼儿食品和乳品中氯的测定	2017 年 3 月 1 日废止	GB 5413.24—2010
25	食品安全国家标准　婴幼儿食品和乳品中牛磺酸的测定	2017 年 3 月 1 日废止	GB 5413.26—2010
26	食品安全国家标准　生乳相对密度的测定	2017 年 3 月 1 日废止	GB 5413.33—2010
27	食品安全国家标准　乳和乳制品酸度的测定	2017 年 3 月 1 日废止	GB 5413.34—2010
28	食品安全国家标准　食品中水分的测定	2017 年 3 月 1 日被替代	GB 5009.3—2010

续表

序号	标准名称		标准编号
29	食品安全国家标准　食品中灰分的测定	2017年3月1日被替代	GB 5009.4—2010
30	食品安全国家标准　生乳冰点的测定	2017年3月1日被替代	GB 5413.38—2010
31	食品安全国家标准　食品微生物学检验　霉菌和酵母计数	2017年4月19日被替代	GB 4789.15—2010
32	食品安全国家标准　不锈钢制品	2017年4月19日被替代	GB 9684—2011
33	食品安全国家标准　内壁环氧聚酰胺树脂涂料	2017年4月19日被替代	GB 9686—2012
34	食品安全国家标准　有机硅防粘涂料	2017年4月19日被替代	GB 11676—2012
35	食品安全国家标准　易拉罐内壁水基改性环氧树脂涂料	2017年4月19日被替代	GB 11677—2012
36	食品安全国家标准　食品中农药最大残留限量	2017年6月18日被替代	GB 2763—2014
37	食品安全国家标准　食品中蛋白质的测定	2017年6月23日被替代	GB 5009.5—2010
38	食品安全国家标准　食品中黄曲霉毒素M_1和B_1的测定	2017年6月23日被替代	GB 5009.24—2010
39	食品安全国家标准　食品中亚硝酸盐与硝酸盐的测定	2017年6月23日被替代	GB 5009.33—2010
40	食品安全国家标准　婴幼儿食品和乳品中脂肪的测定	2017年6月23日被替代	GB 5413.3—2010
41	食品安全国家标准　婴幼儿食品和乳品中维生素A、D、E的测定	2017年6月23日被替代	GB 5413.9—2010
42	食品安全国家标准　婴幼儿食品和乳品中维生素K_1的测定	2017年6月23日被替代	GB 5413.10—2010
43	食品安全国家标准　婴幼儿食品和乳品中维生素B_2的测定	2017年6月23日被替代	GB 5413.12—2010
44	食品安全国家标准　婴幼儿食品和乳品中维生素B_6的测定	2017年6月23日被替代	GB 5413.13—2010
45	食品安全国家标准　婴幼儿食品和乳品中烟酸和烟酰胺的测定	2017年6月23日被替代	GB 5413.15—2010
46	食品安全国家标准　婴幼儿食品和乳品中钙、铁、锌、钠、钾、镁、铜和锰的测定	2017年6月23日被替代	GB 5413.21—2010

续表

序号	标准名称		标准编号
47	食品安全国家标准　婴幼儿食品和乳品中磷的测定	2017 年 6 月 23 日被替代	GB 5413.22—2010
48	食品安全国家标准　婴幼儿食品和乳品中碘的测定	2017 年 6 月 23 日被替代	GB 5413.23—2010
49	食品安全国家标准　婴幼儿食品和乳品中肌醇的测定	2017 年 6 月 23 日被替代	GB 5413.25—2010
50	食品安全国家标准　婴幼儿食品和乳品中脂肪酸的测定	2017 年 6 月 23 日被替代	GB 5413.27—2010
51	食品安全国家标准　乳和乳制品杂质度的测定	2017 年 6 月 23 日被替代	GB 5413.30—2010
52	食品安全国家标准　婴幼儿食品和乳品中 β- 胡萝卜素的测定	2017 年 6 月 23 日被替代	GB 5413.35—2010
53	食品安全国家标准　乳和乳制品中黄曲霉毒素 M_1 的测定	2017 年 6 月 23 日被替代	GB 5413.37—2010
54	食品安全国家标准　乳和乳制品中苯甲酸和山梨酸的测定	2017 年 6 月 23 日被替代	GB 21703—2010
55	食品安全国家标准　食品微生物学检验　总则	2017 年 6 月 23 日被替代	GB 4789.1—2010
56	食品安全国家标准　食品微生物学检验　菌落总数测定	2017 年 6 月 23 日被替代	GB 4789.2—2010
57	食品安全国家标准　食品微生物学检验　大肠菌群计数	2017 年 6 月 23 日被替代	GB 4789.3—2010
58	食品安全国家标准　食品微生物学检验　沙门氏菌检验	2017 年 6 月 23 日被替代	GB 4789.4—2010
59	食品安全国家标准　食品微生物学检验　金黄色葡萄球菌检验	2017 年 6 月 23 日被替代	GB 4789.10—2010
60	食品安全国家标准　食品微生物学检验　单核细胞增生李斯特氏菌检验	2017 年 6 月 23 日被替代	GB 4789.30—2010
61	食品安全国家标准　食品微生物学检验　乳酸菌检验	2017 年 6 月 23 日被替代	GB 4789.35—2010
62	食品安全国家标准　食品微生物学检验　阪崎肠杆菌检验	2017 年 6 月 23 日被替代	GB 4789.40—2010
63	食品安全国家标准　食品微生物学检验　双歧杆菌的鉴定	2017 年 6 月 23 日被替代	GB 4789.34—2012
64	食品安全国家标准　食品中真菌毒素限量	2017 年 9 月 17 日被替代	GB 2761—2011

续表

序号	标准名称		标准编号
65	食品安全国家标准　食品中污染物限量	2017 年 9 月 17 日被替代	GB 2762—2012
66	食品安全国家标准　食品中铅的测定	2017 年 10 月 6 日被替代	GB 5009.12—2010
67	食品安全国家标准　食品中硒的测定	2017 年 10 月 6 日被替代	GB 5009.93—2010
68	食品安全国家标准　乳糖	2018 年 12 月 21 日被替代	GB 25595—2010
69	食品安全国家标准　婴幼儿食品和乳品中叶酸（叶酸盐活性）的测定	2018 年 6 月 5 日被替代	GB 5413.16—2010
70	食品安全国家标准　婴幼儿食品和乳品中泛酸的测定	2018 年 6 月 5 日被替代	GB 5413.17—2010
71	食品安全国家标准　食品中农药最大残留限量	2020 年 2 月 28 日被替代	GB 2763—2016
72	食品安全国家标准　食品中百草枯等 43 种农药最大残留限量	2020 年 2 月 28 日被替代	GB 2763.1—2018
73	食品安全国家标准　食品添加剂　六偏磷酸钠	2021 年 3 月 11 日被替代	GB 1886.4—2015
74	食品安全国家标准　食品中碘的测定	2021 年 3 月 11 日被替代	GB 5009.267—2016
75	食品安全国家标准　食品添加剂　二氧化硅	2021 年 3 月 11 日被替代	GB 25576—2010
76	食品安全国家标准　食品添加剂　氨水	2021 年 3 月 11 日被替代	GB 29201—2012
77	食品安全国家标准　食品用香料通则	2021 年 3 月 11 日被替代	GB 29938—2013
78	食品安全国家标准　食品用香精	2021 年 3 月 11 日被替代	GB 30616—2014
79	食品安全国家标准　干酪	2021 年 11 月 22 日被替代	GB 5420—2010
80	食品安全国家标准　婴儿配方食品	2023 年 2 月 22 日被替代	GB 10765—2010
81	食品安全国家标准　较大婴儿和幼儿配方食品	2023 年 2 月 22 日被替代	GB 10767—2010
82	食品安全国家标准　食品添加剂　碳酸钠	2021 年 8 月 22 日被替代	GB 1886.1—2015

续表

序号	标准名称		标准编号
83	食品安全国家标准　食品添加剂　磷酸氢钙	2021 年 8 月 22 日被替代	GB 1886.3—2016
84	食品安全国家标准　食品添加剂　二氧化钛	2021 年 8 月 22 日被替代	GB 25577—2010
85	食品安全国家标准　食品添加剂　焦磷酸二氢二钠	2021 年 8 月 22 日被替代	GB 25567—2010
86	食品安全国家标准　食品添加剂　焦磷酸钠	2021 年 8 月 22 日被替代	GB 25557—2010
87	食品安全国家标准　食品添加剂　焦磷酸四钾	2021 年 8 月 22 日被替代	GB 25562—2010
88	食品安全国家标准　食品添加剂　磷酸二氢铵	2021 年 8 月 22 日被替代	GB 25569—2010
89	食品安全国家标准　食品添加剂　磷酸二氢钙	2021 年 8 月 22 日被替代	GB 25559—2010
90	食品安全国家标准　食品添加剂　磷酸二氢钾	2021 年 8 月 22 日被替代	GB 25560—2010
91	食品安全国家标准　食品添加剂　磷酸二氢钠	2021 年 8 月 22 日被替代	GB 25564—2010
92	食品安全国家标准　食品添加剂　磷酸氢二铵	2021 年 8 月 22 日被替代	GB 30613—2014
93	食品安全国家标准　食品添加剂　磷酸氢二钾	2021 年 8 月 22 日被替代	GB 25561—2010
94	食品安全国家标准　食品添加剂　磷酸氢二钠	2021 年 8 月 22 日被替代	GB 25568—2010
95	食品安全国家标准　食品添加剂　磷酸三钙	2021 年 8 月 22 日被替代	GB 25558—2010
96	食品安全国家标准　食品添加剂　磷酸三钾	2021 年 8 月 22 日被替代	GB 25563—2010
97	食品安全国家标准　食品添加剂　磷酸三钠	2021 年 8 月 22 日被替代	GB 25565—2010
98	食品安全国家标准　食品添加剂　硫酸铝铵	2021 年 8 月 22 日被替代	GB 25592—2010
99	食品安全国家标准　食品添加剂　三聚磷酸钠	2021 年 8 月 22 日被替代	GB 25566—2010
100	食品安全国家标准　食品中农药最大残留限量	2021 年 9 月 5 日被替代	GB 2763—2019

续表

序号	标准名称		标准编号
101	食品安全国家标准　预包装食品中致病菌限量	2021 年 11 月 22 日被替代	GB 29921—2013
102	食品安全国家标准　速冻面米制品	2022 年 3 月 7 日被替代	GB 19295—2011
103	食品安全国家标准　食品接触材料及制品　总迁移量的测定	2022 年 3 月 7 日被替代	GB 31604.8—2016
104	食品安全国家标准　食品中多环芳烃的测定	2022 年 3 月 7 日被替代	GB 5009.265—2016
105	食品安全国家标准　食品中总汞及有机汞的测定	2022 年 3 月 7 日被替代	GB 5009.17—2014
106	食品安全国家标准　食品添加剂　β- 环状糊精	2022 年 3 月 7 日被替代	GB 1886.180—2016
107	食品安全国家标准　食品中污染物限量	2023 年 6 月 30 日被替代	GB 2762—2017
108	食品安全国家标准　饮料	2022 年 12 月 30 日被替代	GB 7101—2015
109	食品安全国家标准　炼乳	2022 年 12 月 30 日被替代	GB 13102—2010
110	食品安全国家标准　再制干酪	2022 年 12 月 30 日被替代	GB 25192—2010
111	食品安全国家标准　食品添加剂　丁香酚	2022 年 12 月 30 日被替代	GB 1886.129—2015
112	食品安全国家标准　食品添加剂　甜菊糖苷	2022 年 12 月 30 日被替代	GB 8270—2014
113	食品安全国家标准　食品添加剂　丙酸钙	2022 年 12 月 30 日被替代	GB 25548—2010
114	食品安全国家标准　食品添加剂　靛蓝铝色淀	2022 年 12 月 30 日被替代	GB 28318—2012
115	食品安全国家标准　食品添加剂　磷脂	2022 年 12 月 30 日被替代	GB 28401—2012
116	食品安全国家标准　食品添加剂　胶基及其配料	2022 年 12 月 30 日被替代	GB 29987—2014
117	食品安全国家标准　食品添加剂　萜烯树脂	2022 年 12 月 30 日被替代	GB 29947—2013
118	食品安全国家标准　洗涤剂	2023 年 6 月 30 日被替代	GB 14930.1—2015

续表

序号	标准名称		标准编号
119	食品安全国家标准　食品接触用纸和纸板材料及制品	2023年6月30日被替代	GB 4806.8—2016
120	食品安全国家标准　婴幼儿食品和乳品中维生素 B_{12} 的测定	2022年12月30日被替代	GB 5413.14—2010
121	食品安全国家标准　食品中二氧化硫的测定	2022年12月30日被替代	GB 5009.34—2016
122	食品安全国家标准　婴幼儿食品和乳品中胆碱的测定	2022年12月30日被替代	GB 5413.20—2013
123	食品安全国家标准　食品中叶酸的测定	2022年12月30日被替代	GB 5009.211—2014
124	食品安全国家标准　食品微生物学检验　菌落总数测定	2022年12月30日被替代	GB 4789.2—2016
125	食品安全国家标准　饮用天然矿泉水检验方法	2022年12月30日被替代	GB 8538—2016
126	食品安全国家标准　食品添加剂　乳酸链球菌素	2024年3月6日被替代	GB 1886.231—2016
127	食品安全国家标准　食品添加剂　辛烯基琥珀酸淀粉钠	2024年3月6日被替代	GB 28303—2012
128	食品安全国家标准　食品添加剂　β-胡萝卜素	2024年3月6日被替代	GB 8821—2011
129	食品安全国家标准　食品添加剂　L-肉碱酒石酸盐	2024年3月6日被替代	GB 25550—2010
130	食品安全国家标准　食品微生物学检验　商业无菌检验	2024年3月6日被替代	GB 4789.26—2013
131	食品安全国家标准　食品微生物学检验　乳酸菌检验	2024年3月6日被替代	GB 4789.35—2016
132	食品安全国家标准　食品中果糖、葡萄糖、蔗糖、麦芽糖、乳糖的测定	2024年3月6日被替代	GB 5009.8—2016
133	食品安全国家标准　食品中淀粉的测定	2024年3月6日被替代	GB 5009.9—2016
134	食品安全国家标准　食品中铅的测定	2024年3月6日被替代	GB 5009.12—2017
135	食品安全国家标准　食品中镉的测定	2024年3月6日被替代	GB 5009.15—2014
136	食品安全国家标准　食品中锡的测定	2024年3月6日被替代	GB 5009.16—2014

续表

序号	标准名称		标准编号
137	食品安全国家标准　食品中*N*-亚硝胺类化合物的测定	2024年3月6日被替代	GB 5009.26—2016
138	食品安全国家标准　食品中合成着色剂的测定	2024年3月6日被替代	GB 5009.35—2016
139	食品安全国家标准　食品中氰化物的测定	2024年3月6日被替代	GB 5009.36—2016
140	食品安全国家标准　味精中麸氨酸钠（谷氨酸钠）的测定	2024年3月6日被替代	GB 5009.43—2016
141	食品安全国家标准　食品中膳食纤维的测定	2024年3月6日被替代	GB 5009.88—2014
142	食品安全国家标准　食品中烟酸和烟酰胺的测定	2024年3月6日被替代	GB 5009.89—2016
143	食品安全国家标准　食品中环己基氨基磺酸钠的测定	2024年3月6日被替代	GB 5009.97—2016
144	食品安全国家标准　食品中铬的测定	2024年3月6日被替代	GB 5009.123—2014
145	食品安全国家标准　食品中维生素B_6的测定	2024年3月6日被替代	GB 5009.154—2016
146	食品安全国家标准　食品中米酵菌酸的测定	2024年3月6日被替代	GB 5009.189—2016
147	食品安全国家标准　食品中泛酸的测定	2024年3月6日被替代	GB 5009.210—2016
148	食品安全国家标准　酒中乙醇浓度的测定	2024年3月6日被替代	GB 5009.225—2016
149	食品安全国家标准　食品中过氧化值的测定	2024年3月6日被替代	GB 5009.227—2016
150	食品安全国家标准　食品中伏马毒素的测定	2024年3月6日被替代	GB 5009.240—2016
151	食品安全国家标准　食品中生物素的测定	2024年3月6日被替代	GB 5009.259—2016
152	食品安全国家标准　食品中肌醇的测定	2024年3月6日被替代	GB 5009.270—2016
153	食品安全国家标准　食品中三氯蔗糖（蔗糖素）的测定	2024年3月6日被替代	GB 22255—2014
154	食品安全国家标准　食品接触材料及制品　脱色试验	2024年3月6日被替代	GB 31604.7—2016

续表

序号	标准名称		标准编号
155	食品安全国家标准　食品接触材料及制品　游离酚的测定和迁移量的测定	2024 年 3 月 6 日被替代	GB 31604.46—2016
156	食品安全国家标准　食品接触材料及制品　纸、纸板及纸制品中荧光增白剂的测定	2024 年 3 月 6 日被替代	GB 31604.47—2016
157	食品安全国家标准　食品接触材料及制品　甲基丙烯酸甲酯迁移量的测定	2024 年 3 月 6 日被替代	GB 31604.29—2016
158	食品安全国家标准　食品接触材料及制品　砷、镉、铬、铅的测定和砷、镉、铬、镍、铅、锑、锌迁移量的测定	2024 年 3 月 6 日被替代	GB 31604.49—2016
159	食品安全国家标准　婴幼儿食品和乳品中乳糖、蔗糖的测定	2024 年 3 月 6 日被替代	GB 5413.5—2010
160	食品安全国家标准　食品中诱惑红的测定	2024 年 3 月 6 日被替代	GB 5009.141—2016
161	食品安全国家标准　食品接触用塑料材料及制品	2024 年 9 月 6 日被替代	GB 4806.7—2016
162	食品安全国家标准　食品接触用塑料树脂	2024 年 9 月 6 日被替代	GB 4806.6—2016
163	食品安全国家标准　食品接触用金属材料及制品	2024 年 9 月 6 日被替代	GB 4806.9—2016
164	食品安全国家标准　食品接触用橡胶材料及制品	2024 年 9 月 6 日被替代	GB 4806.11—2016
165	食品安全国家标准　食品加工用酵母	2024 年 9 月 6 日被替代	GB 31639—2016
166	食品安全国家标准　乳制品良好生产规范	2024 年 9 月 6 日被替代	GB 12693—2010
167	食品安全国家标准　特殊医学用途配方食品良好生产规范	2024 年 9 月 6 日被替代	GB 29923 2013
168	食品安全国家标准　粉状婴幼儿配方食品良好生产规范	2024 年 9 月 6 日被替代	GB 23790—2010
169	食品安全国家标准　食品接触材料及制品迁移试验通则	2024 年 9 月 6 日被替代	GB 31604.1—2015